U0271312

# 轻松做财女

沐丞 著

新华出版社

**图书在版编目（CIP）数据**

轻松做财女 / 沐丞著. ——北京：新华出版社，2016.12
ISBN 978-7-5166-3043-3

Ⅰ. ①轻…　Ⅱ. ①沐…　Ⅲ. ①女性－财务管理－基本知识
Ⅳ. ①TS976.15

中国版本图书馆CIP数据核字（2016）第306824号

**轻松做财女**

**作　　者：** 沐　丞

---

**责任编辑：** 陈光武　　**责任印制：** 廖成华
**封面设计：** Windy_fly

---

**出版发行：** 新华出版社
**地　　址：** 北京石景山区京原路8号　**邮　　编：** 100040
**网　　址：** http://www.xinhuapub.com
**经　　销：** 新华书店、新华出版社天猫旗舰店、京东旗舰店及各大网店
**购书热线：** 010－63077122　　**中国新闻书店购书热线：** 010－63072012

---

**照　　排：** 臻美书装
**印　　刷：** 北京凯达印务有限公司

---

**成品尺寸：** 148mm×210mm
**印　　张：** 8　　**字　　数：** 110千字
**版　　次：** 2017年1月第一版　　**印　　次：** 2017年1月第一次印刷
**书　　号：** ISBN　978-7-5166-3043-3
**定　　价：** 30.00元

---

# 序：致我们所处的美好时代

施建

写这篇文字的时候刚好是感恩节，随手记理财社区在当天举办了一场“#感恩节#一起@你最想感恩的人+想对TA说的一句话”活动，有人感恩父母，有人感恩亲友，有人感恩自己，还有人感恩随手记。

在我看来，还有一个值得感恩的，就是我们所处的时代。

对于自己所处的时代，每个人可能或多或少都能挑出一堆毛病，但如果借你一架时空穿梭机，站在未来的某个时点，往回看现在，也许当下的所谓毛病和问题，看起来其实是那么的美好。

30年前，中国人开始走出家乡，打破铁饭碗，在市场里摸爬滚打。很多人找到了机会，在当时，也有很多人感叹能做的生意都被人想到了。现在我们知道，那是一个物质极度短缺，只要生产就能赚钱的时代，哪像现在几乎没有哪个行业不产能过剩。

10年前的中国人已经在抱怨买不起房，可谁想到10年之间，房价会涨这么多倍，那时的房价是那么的美好。

时代总是在进步，今天比过去好，未来比今天好。但所有的美丽之花在绽开的那一刻并不总是为所有的人知道。

就像20世纪80年代的人们不知道当时遍地是黄金、21世纪不知道房子最值得买一样，我们今天的一些人，对一个刚刚开始的财富自主时代，也并未有深刻的认知。

金融、财富管理行业的人，喜欢用财务自由这个词。其实，人的欲望是无穷尽的，今天有了100万，想要1000万，有了1000万，还想要1个亿。在我看来，财务自由是个乌托邦，或者说是伪命题，人们能做到的是财富自主。

没有私人财产的年代，没有财富积累，当然谈不上财富自主。中国人慢慢有钱了，但在过去很长的一段时间内，也谈不上财富自主，因为可选择的投资渠道太少了。大家的钱要么趴在银行活期存款账户上，要么趴在定期存款上，藏在床底下的也有。稍微有些理财意识的会买银行理财，胆大无畏、想搏一把的会买些股票。

长期以来，存贷息差收入是中国银行业最主要的利润来源，银行的高额利润主要源自存贷款的利差保护以及经营牌照门槛。

一个是需求侧，一个是供给侧，现在这两个方面都正在发生翻天覆地的变化。需求侧，中国已经是全球第二大经济体，中国家庭财富规模，据投行瑞信最新全球财富报告，已经是 23 万亿美元之巨。供给侧，随着利率市场化、民营银行、存款保险等的推开，银行业铁板一块的局面势必会面临变局。更加值得期待的则是“金融 + 科技”所带来的爆发力。从余额宝开始，这波互联网金融的洗礼，已经发展出包括互联网理财、P2P、第三方支付、众筹等多种业态。

尽管目前的互联网金融还比较稚嫩，快速发展中出现的很多问题也亟待解决，但毫无疑问的是，一个中国人实现财富自主的时代已经扑面而来。

在这个通向未来的时代，做一个财富自主者，离不开对理财知识的持之以恒的学习、交流和分享。沐丞是随手记理财社区的认证作者，多年来笔耕不辍，优质高产，擅长用普通人听得懂、看得明的方式讲述理财的奥秘。这本《轻松做财女》是他的第三本理财专著，同样沿袭了其一贯的深入浅出的笔法，值得隆重推荐。

10年之后，20年之后，你在哪里？你在做什么？也许现在还难以回答，但我们期待，回过头来看，财富自主已经在此时此刻于你心中生根发芽。

注：本文作者为随手记理财社区主编

# 前　言

最初出版社跟我邀约写一本关于女性理财的书籍时，我内心是觉得必要性不大的，既然都是理财，一定要区分男性女性吗？后来经过跟编辑沟通，跟一些女性读者交流之后发现女性在理财方面的确跟男性有很多不同。

首先，很多女性在职业规划上不够重视，因为结婚生子等原因，既没有形成自己在职场上的竞争力，也不想在自己的岗位上有长远的发展。甚至有的女性在生完孩子后就直接放弃了自己的职业生涯，当起了家庭主妇每天带孩子、做家务，这其中也不乏高学历的女性。很多女性在职业发展上对自己没有太多要求，觉得只要自己的丈夫作为家庭的经济支柱即可，自己相夫教子，过着“小确幸”的生活就已经十分满足。其实从当今社会发展趋势、经济形势来看，这样的观点也已经不太适合。对于一般收入的家庭来说，女性这样的思想会造成家庭经济上的负担，现在很多家庭养二胎，再加上双方父母，如果只有男方一人作为家庭收入来源却要养活6—7人，随着孩子的长大、父母的年迈，很可能会不堪重负，导致家庭生活质量的下降。

女性要面临怀孕生子、休产假、生二胎等会影响自己职业发展的情况，特别是随着年龄的增大，在职场竞争力上也会受到影响。所以已婚已育的女性通常都会面临着平衡职业和家庭的难题。男性想要创业，建立自己的一番事业，可以选择放弃高薪工作、抵押房产，但是女性在这方面难度要大得多，即便有这样的想法、真正实现的也很少。

其次，女性对数字不够敏感，对于一些新兴的、技术化的东西也不感兴趣。所以如果让女性去研究股市行情、比特币，关注政策动向、市场变化，这个也比较困难。因为对数字的敏感度不高，也会对个人或家庭的账务不够清楚，对理财产品的收益率、贷款利率等没有很明确的概念，对日常的收入支出也没有很好的规划。所以他们在投资理财上可能更保守一些，偏向于稳健的理财产品。

再次，女性在消费观上可能和男性也会有比较大的差别，通常会出现两个极端。一种女性是“消费”型，花钱没计划，时常月光，不断地买买买；而另一种则是“守财”型，过度节俭、抑制消费，但她们省下来的钱又没能够做好理财规划。“消费”型女性可能无钱可理，“守财”型女性则可能因为过于保守而造成资产贬值。

最后，和男性相比女性的工作时间更短，但寿命更长。女性的退休时间一般是55周岁，而男性是60周岁，那些早早放弃自己职业生涯的女性工作时间则更短。而女性平均寿命通常都是比男性长，这就意味着女性更加需要好好地规划自己退休后的生活。

不难看出，女性在职场、消费观、生活习惯、思维方式等方面都会跟男性有比较大的差别，在理财方面的需求自然也会有所不同。

基于以上的考虑，我专门写了这本《轻松做财女》。它没有纷繁复杂的数据分析，也不单纯介绍理财产品和理财技巧，而是从女性在职场、生活观念、心态习惯等方面展开。正如书名所言，希望这本书能够让广大女性真正了解理财、学会理财，轻松开启 “财女”模式。

# 目 录
CONTENTS

第五章

## 基金投资那些事儿 / 137



第六章

## 理财的功夫在平时 / 157



第七章

## 好的生活习惯也是一种理财 / 179

## 第一章

# 经济独立才是现代女性最好的护身符

我们不能把理财简单地理解为投资、买理财产品，同时，在职场中升值、自我提升、养成好的习惯、做好时间管理、端正消费观等都属于理财的范畴。

## 1. 房产证上加了你的名字就有安全感?

在中国有个很有趣的现象，每个时代结婚都有一定物质上的要求。比如在20世纪60年代要有木质的家具，据说诸如床、衣柜、桌子、椅子的腿要凑够36条或72条。到70年代就变成三大件了，即自行车、手表和缝纫机，有的还要求有“一响”，即收音机。到了80年代三大件有了升级，变成了家用电器，是单门的冰箱、黑白电视和单缸洗衣机。90年代起要求提高了不少，除了传统的三大件升级版，即彩电、双开门冰箱和自动洗衣机外，还要求有“三金”，即金项链、金戒指、金耳环，据说有的城市还要有新三件，即空调、电脑、家庭组合音响。

那么如今呢？比较常见的就是车子、房子、票子了。特别是房子，现在发达城市房价特别高，因为没有房子而导致恋爱无疾而终的例子比比皆是。我们经常看到一些新闻、影视剧中也会出现这样的情节，那就是丈母娘要求女婿买房子，而且要把女儿的名字加到房产证上，似乎只有这样才能保障女儿今后的幸福。可是事实真的如此吗？把女儿的名字放到了房产证上就能保证她下半生高枕无忧？

最近娱乐圈有两个例子倒是引起了广泛讨论，第一个是王宝强和马蓉的离婚事件，据说“宝马”案即将开庭，王宝强除了要求获得孩子的抚养权之外，还会提出马蓉少分或者不分财产。这对夫妻本身的问题我们不去评判，我们仅仅看一段婚姻如果非常不幸走到了尽头，关于财产的分割真的没有准。第二个则是张靓颖结婚事件，在她宣布要结婚的时候，她的母亲却第一个跳出来不同意，这其中也包含靓颖公司的一些股权问题，说白了，很大程度上是经济的原因。这一个离婚一个结婚都是发生在娱乐圈，对于我们普通人来说可能没有什么参考价值，但是我们能感受到大家对婚前财产、婚后财产的关注度。

我们来看看婚前如果在房产证上加了你的名字，但是非常不幸的是你遇人不淑，不得不结束婚姻，这个时候你能得到什么呢？以一套一线城市的普通两室一厅来计算，大约值 500 万元，如果这套房子没有贷款，那么你能分得半套，要么对方给你 250 万，要么你给对方 250 万，一般情况下应该都拿不出这么多现金来，那么只能把房产变卖掉再平分钱，这可能是最理想的情况了。但是 500 万元的房产很少是有不贷款的情况，如果贷款了 300 万，那么最后也就分到 100 万。而 100 万在一线城市已经很难再买到一套像样的房产，就算是当首付，也要为此背上近 300 万元的贷款，月供就要 2 万元以上，如果不是一个高收入的白领很难能承担这样的还贷压力。

如果你是一个为了家庭、子女放弃了自己事业，没有收入来源的女性，一旦婚姻出现问题，或者家里的顶梁柱出现意外，失去了养家的能力，比如前不久因为过劳死亡的春雨医生 CEO 张锐，那么对你来说将无异于是天塌下来。

所以说，即便房产证上有你的名字，这也不是你安枕无忧的护身符。或许离异、家人变故这样的事情出现几率不大，如果从日常生活中来看一个普通女性放弃自己的职业生涯也是有很大的危机的。虽然在家相夫教子也是一种生活选择，但是如果自己没有收入，做不到经济独立，在家庭地位上或多或少会有一定的影响，甚至还会承受婆家长辈、亲戚带来的压力。久而久之，这些影响和压力会潜移默化地延伸到了日常生活中，不排除会影响家庭关系和谐。

我认识一对夫妻，跟不少家庭一样，丈夫工作比较忙，妻子选择了在家带孩子。妻子原来也有着不错的工作，但为了家庭变成了一名家庭主妇。最开始孩子比较小，要投入不少精力带孩子，夫妻之间的这种搭配还算过得去，但是后来孩子上了幼儿园，妻子整天在家没事做，加上社交圈子非常窄，几乎跟外界没有什么交流，渐渐开始对丈夫的日常行踪异常关注。有时候丈夫加班，或者有些客户需要应酬，她就不停地打电话查岗，周末的时候丈夫想在家休息，她也是一定要他带着一家人到处去玩。渐渐的，两个人的脾气都越来越大，二者矛盾越来越明显，尤其是妻子因为长期在家也变得不修边幅，变得越来越胖，最后两个人的婚姻走到了尽头。妻子因为几年没有工作，出现了职业断档，加上外面日新月异的变化，再也跟不上时代了。

我有一个亲戚是一名企业的高管，他的妻子是他曾经下属子公司的同事。妻子学历不高，结婚后也辞掉了工作，开始了相夫教子的生活。他们夫妻之间倒算是和谐，但是妻子跟婆婆之间则是矛盾不断。我们每次去她家都能感受她在家里的地位不高，不敢说什么话。她的婆婆经常会在客人面前数落她，说她没有工作，只知道花她儿子的钱。最后不得已，亲戚又买了一套小房子，他们不再跟父母一起住了。

还有一对夫妻，男的非常有能力，在美国大学教书，所以他把妻子、母亲都接到了美国一同生活。可是妻子竟然产后抑郁，脾气变得暴躁，加上在美国语言不通，人生地不熟，最后就自己回国了，这段婚姻最后也走到了尽头。女方后来的情况我不太清楚，但是因为一直没有工作，在美国也没有学好语言，据说现在也是生活得不容易。

俗话说家家都有本难念的经，上面都是笔者生活中碰到的例子，类似的例子可能还有不少。我们能发现一个共同点，那就是现代女性经济独立的重要性。这里我并不是鼓吹女性要去拼命工作，不能选择放弃事业去相夫教子，我相信也有一些家庭中女性没有工作可能也很幸福。但是我们不能仅仅因为有的家庭幸福就认为自己也会幸福，天有不测风云，有时候一段婚

我们不能把理财简单地理解为投资、买理财产品，同时，在职场中升值、自我提升、养成好的习惯、做好时间管理、端正消费观等都属于理财的范畴。

姻关系可能没有一份工作来得牢靠。

就算只看好的一面，往大处说经济独立的女性在家庭中的地位肯定会更高，在很多事情上有更多的决策权，能够为丈夫、家庭分担压力，即便丈夫想创业了你也有经济来源。往小处说，你只想做一个幸福的小女人，不想操心家里的大事，那么经济独立也意味着你可以买自己想要的东西，做一些你自己想要的事情。

至于真的一旦家庭出现变故，诸如丈夫创业失败、失业，投资亏损，出现重大疾病，感情破裂等不幸事件，作为一个经济独立的女性，你至少还有工作，还有能力慢慢恢复元气。

曾经看过一个女博士做的演讲视频，认为很多有潜质的女研究生最终没有走上学术的道路，而是优先考虑了家庭，不再读博做更深入的研究，她为此非常惋惜。她举了瑞典科学家的例子，说她有次参加国际交流活动，发现国外的女科学家甚至超过了 50% 的比例，中国第一个获得诺贝尔奖的科学家也是女性。这说明了什么？很多女性的确放弃了本该属于自己的精彩，不论是学术上的还是职场上的。

虽然很多女性更倾向于围着孩子、灶台转，但是这很大程度上会限制一个人的社交活动，因为接触的人就少了，了解的新东西也少了，甚至对自己的外表、气质也开始松懈，随着更年期的到来，可能对自己的满意度也会越来越差。

所以房产证上的名字并没有什么深远的作用，这一辈子会发生的事情太多，很多事情都是始料不及的，只有经济独立才是现代女性最好的护身符。

## 2. 一份好工作是你最好的依靠

有部电影叫《蓝色茉莉》，讲述了一名叫茉莉的落寞名流在经历家庭破产、丈夫自杀、继子出走后，搬到已然生疏的妹妹的旧金山家中重新开始生活的故事。她先是试图在牙医诊所上班，但是受到牙医的性骚扰。她仍梦想回到过去光鲜的生活方式，同时开始上电脑和室内设计补习班，但是过去曾是优秀学生的她似乎已无学习的天分。

茉莉在一个聚会中认识了钻石王老五德怀特,为了吸引他，她编造了自己的工作，对他撒谎说自己前夫是个外科医生，因为心脏病去世，他们也没有孩子。德怀特很快爱上了优雅、见多识广的茉莉，并开始谈婚论嫁。但是在一个偶然的场合，她的谎言被戳穿，德怀特愤而离去。

《蓝色茉莉》这个故事并不复杂，无非就是一名嫁给了商业精英的女人以为自己可以从此享受名流生活，却不想遭遇丈夫出轨、家庭变故，想去重新工作却发现自己已经跟职场脱轨太久，即便想开始一段新的婚姻也要依靠谎言，可是谎言终究会被揭穿，自己只能被生活打回原形。

这也让我想起了另外一部很经典的电影《泰坦尼克号》，里面女主角 Rose 的妈妈也是因为自己在上流社会的丈夫去世，她为了继续使自己待在上流社会，逼迫自己的女儿嫁给富商。

这两部电影里有一个共同的现象就是仿佛女人就一定要依靠男人，如果要自己面对这个社会总会困难重重。追究深层次的原因，是不是可以理解为因为自己没有一技之长，无法养活自己和家庭，只能依附于他人，当失去了男人这个衣食和地位的来源就变得惊慌失措起来。

在一期《金星秀》里面，金星也提到了一个有趣现象，就是大龄女青年逢年过节被逼相亲，节目中有个妈妈给自己的女儿安排了大量的相亲活动，并且对每个相亲对象都做了很详细的笔记。比如是否有房有车、职业背景、年龄等，堪比高考考试笔记还认真。这个其实是现今社会的一个普遍现象，丈母娘都想自己的女儿嫁给金龟婿，甚至都不顾及女儿自己内心的感受。虽然现在已经不再是像旧社会那样父母包办婚姻，那时女性几乎没有选择权，但是如今父母插手子女婚姻和生活的情况仍然比比皆是。根本原因还是很多女性在独立性上不够，说白了就是不够强大，无论是心理上还是经济上。

《红楼梦》里的探春说过这样一段话："我但凡是个男人，可以出得去，我必早走了，立一番事业，那时自有我一番道理！"探春所处的封建社会或许因为制度、文化等原因压抑了很多有才华的女性施展抱负，但是在如今的社会女性地位早已今非昔比，关键的因素在于女性如何更好地选择自己的人生。

对于普通女性来说，并不一定要像探春的理想一样去立一番事业、出人头地，但是拥有一份合适的工作仍然是现代女性必不可少的依靠，也是过好自己生活的筹码。

所谓的好工作并不一定要光鲜亮丽，也不一定是待遇多么优渥，更不一定是轻松悠闲的铁饭碗。好的工作就是适合自己的情况，在自己能力范围内，收入能让自己过上理想生活的工作，如果能结合自己的爱好兴趣那自然是再好不过了。

有的工作可能收入相对比较高，但是工作压力大，导致自己没有私人时间，对于有孩子的女性来说不见得就是合适的，还会给人留下女工作狂的印象。而有的工作又过于悠闲轻松，简单重复低价值的事情，很难有职业发展，被他人替代的可能性很大，那么这样的工作也不能说是好的。还有一种就是待遇和时间方面尚可，但是做起来没有劲头，自己只能算是为了工资而应付，那么这样的工作也要考虑是不是真的适合自己。

找到合适的工作并不一定是一件很容易的事，其实绝大部分人都还是选择了比较稳妥的方案，这也无可厚非，至少有一份能养活自己的工作强过于依靠他人。只是作为一个职场女性也要有所追求,可以给自己定一些职业生涯的目标,不断地修正，并力求找到真正适合自己的工作。

我上一家公司有个女同事曾一度患有焦虑症，可能是工作压力比较大，加上自己不是很有兴趣，所以疲于应对。最后她毅然选择辞职做起了自媒体，发挥自己在写作方面的特长，现在微信公众号的粉丝都已经超过几百万，篇篇文章都是 10 万 + 的阅读量。另一个女同事也类似，因为不满意上一份工作，辞职做起了服装设计，开创了自己的服装品牌，创业、兴趣、生活三不误。这样的女性基本上不会在意是不是有父母逼婚这样的事情，她们早就找到了自己最好的依靠。

就拿“集美貌和才华于一身”的网红 Papi 酱来说，虽然录录搞笑视频在我们看来可能都算不上是一份正经的工作，但是就是这样一份看似很不正经的工作正是发挥了她的专长，也是她自己的兴趣，这也让她顺利获得了投资、广告赞助，开始了团队运作。她要考虑的就是怎么生产出更好的内容，而不必去想丈夫失业了怎么办，孩子上学要花多少钱，怎么处理职场人际关系等等。一旦自己强大了，思考的事情其实是越发单纯了。

上面的例子并不是鼓励所有女性都不切实际地放弃一切去追逐梦想，而是建议在自己能力和兴趣范围内找到一份合适的工作。当有了一份适合自己的工作，如果你也非常有动力去做好，那么你的心将会是安稳的，因为你知道生活可能多有不测，世事无常，但是只要你认真对待这份工作，这个工作就不会离你而去，而这份工作就是你最好的依靠。

## 3. 你从来都不是附属品

安吉丽娜·朱莉和布拉德·皮特的婚姻在前不久走到了尽头，我们虽然不清楚这些年里两人相处的细节，但是安吉丽娜从不做男人附属的坚强性格给我们留下了很深刻的印象。

但凡是事业有成的女性都有着自己独特的魅力。比如格力电器董事长董明珠，尽管经常“语出惊人”，但是她的奋斗事迹的确让人敬佩。在陈鲁豫的《大咖一日行》访谈节目中，我看到了董明珠很真实的一面，她没有因为是一个电视节目去刻意表现出亲和力，而是很率真地表现出自己严格要求、雷厉风行的处事风格。有一名员工因为一件很简单的事情没有做好，她就全程黑脸，工厂车间里的气温偏差了1—2度她立刻感受到了，马上批评相关负责人。整个采访过程中只要一有机会就会推销自己公司的产品。董明珠早年丈夫去世后就没有再婚，独自一人抚养孩子，打拼事业，即便她再婚，我们也可以想象得到她是一个坚强独立的女性，不会成为别人的附属品。

另一个经常“语出惊人”的明星大概就是金星了，作为中国现代舞的拓荒者不仅舞艺精湛，口才也不俗，有自己的舞蹈团，也有自己的脱口秀。她在节目中也多次谈到了自己的各种情感、事业、家庭的经历，是一个非常有主见、有正确价值观的女性，可以说她的心灵和躯体不知道比那些“正常人”正常多少倍。她在脱口秀中也经常提到自己的德国丈夫汉斯，充满爱意，但是她也从来不是丈夫的附属品，她有自己异常精彩的人生。

上面的两个例子或许并不常见，这两位女性更像是“女强人”，似乎让人觉得性格上偏强势不好接近，类似的例子还有刘嘉玲、刘晓庆。但是这并不代表性格强势的女性才能不是男人的附属品，性格温柔、知性的女性同样也可以做到。就拿仙逝不久的杨绛来说，虽然她的丈夫是大文豪钱钟书，但是她在他身边也丝毫不逊色，她有自己的追求，从来不是钱钟书的附属品。

曾经听过一个关于邓丽君的故事，她当时已经准备要跟香格里拉的董事长郭孔丞结婚，但是因为郭家要求邓丽君退出演艺圈，从此不再唱歌。尽管当时对郭孔丞有着很深的感情，但是她热爱自己的唱歌事业，更主要的是不想做一名富太太成为他人的附属品，所以最终二人未能喜结连理。

名人的例子或许不能直接给普通大众做参考，毕竟能成为名人本身肯定有一定的过人之处，而这个过人之处必然是自己不依附于他人的有利条件。正如刘晓庆所说，做人难，做女人更难，做名女人更是难上加难。那么作为一个普通女性是否就要成为他人的附属品呢？很显然，一个普通女性也应该有自己的追求，一份适合自己的工作，自己的社交圈，自己的兴趣爱好。即便是为了家庭、孩子放弃很多原本属于自己的精彩，也要在内心深处深刻地认识到自己是一个独立的个体，并不需要依附于他人。只要自己愿意，就可以随时回归社会，找回自我。

女作家舒婷有一首诗叫《致橡树》，写得很生动，其实就表达了这个意思。

《致橡树》

我如果爱你——

绝不像攀援的凌霄花，

借你的高枝炫耀自己：

我如果爱你——

绝不学痴情的鸟儿，

为绿荫重复单调的歌曲；

也不止像泉源，

常年送来清凉的慰藉；

也不止像险峰，增加你的高度，衬托你的威仪。

甚至日光。

甚至春雨。

不，这些都还不够！

我必须是你近旁的一株木棉，

作为树的形象和你站在一起。

根，紧握在地下，

叶，相触在云里。

每一阵风过，

我们都互相致意，

但没有人

听懂我们的言语。

你有你的铜枝铁干，

像刀，像剑，

也像戟，

我有我的红硕花朵，

像沉重的叹息，

又像英勇的火炬，

我们分担寒潮、风雷、霹雳；

我们共享雾霭流岚、虹霓，

仿佛永远分离，

却又终身相依，

这才是伟大的爱情，

坚贞就在这里：

不仅爱你伟岸的身躯，

也爱你坚持的位置，脚下的土地。

无论你是一名刚走出校园的职场新人，还是已经嫁给他人的已婚女性，或是一名在家相夫教子的妈妈，你可以作为男人背后的那个女人，但是你从来都不是别人的附属品，无论何时你都要经营好自己的人生。

## 4. 过好自己的生活从来都不晚

我们时常会在电视剧中看到这样的桥段，年轻的母亲对年幼的孩子说“要不是你，我早就跟你爸离婚了！”仿佛是孩子阻碍了父母各自追寻幸福的权利。

我有一个朋友的母亲在朋友大学毕业后选择了离婚，他母亲比他父亲小 11 岁，所以可能两个人之间有一定的代沟，共同语言和兴趣爱好比较少。这位母亲离婚后先是去了苏州打工，过了两年又考了月嫂证，然后在深圳当了一段时间金牌月嫂。现在又去了新疆工作，国庆期间还在朋友圈里发她和几个朋友穿越沙漠的照片。我并不清楚朋友的父母在相处的 20 多年里发生了什么，毕竟家家都有本难念的经，但是可以看得出来这位母亲在离婚后开始为自己而活。

这里并不是说女性只有离婚才能追求自己的生活，上面的例子仅仅代表一部分婚姻生活不幸福的女性，她们敢于在合适的时间选择脱离婚姻并开始追求真正属于自己的人生。但是一个家庭的生活有很多方面，即便婚姻幸福的女性仍然需要在其他方面过好自己的人生。

我有一个亲戚就是一个很会过日子的女性，她的文化水平不是很高，只有初中毕业，她和丈夫虽然婚姻方面没有问题，但是两个人收入都不高。丈夫最早只是开拖拉机运货，或者到工地上打临工，她自己则是一个工厂里的职工。后来工厂倒闭了，她直接就下岗了。但是她并没有赋闲在家，而是贷款跟人合伙开起了幼儿园。那个时候我们那里的人都不愿意贷款，怕背上债务，这个亲戚不论是出于生活所迫还是有胆识都很让人敬佩。后来幼儿园有了起色后，逐渐还清了债务，她毕竟文化水平不高，于是雇用幼师到她的幼儿园中，她自己则当起了园长。园长其实没有什么事，她在中年的时候又开始考驾照，然后再次贷款买了两辆小轿车，她和丈夫都开始跑起了运输。幼儿园的收入加上夫妻两人跑运输的收入，车的贷款很快就还完，她把自己的车租给了别人开，又贷款开了餐厅和KTV，当起了老板娘。按照如今流行的说法，她就是一名斜杠青年，从未向生活低过头，总是想方设法地经营好自己的家庭。现在她家早就有很多套房产了，女儿也被送去了国外读书。

刘晓庆在她的《人生不怕重头再来》一书中就写过她曾经亿万家产但是因为税务问题被捕入狱，出狱后几乎一无所有。曾经是影后的她放下身段当起了“横漂”，在横店各个剧组里跑龙套，没有台词的戏，只有一两句台词的戏，不露正脸的戏，当老妈子、服务员的戏，只要给钱，一两百块她都去演。很多人在经历了从云端到泥土这种如此之大的变故后基本上会一蹶不振，但是刘晓庆并没有颓废，而是拾起自己的老本行，在半百的年纪像个新人一样重新开始。现在的她不仅片约不断，仍然活跃在大荧幕、小屏幕，甚至话剧的舞台上，还跟追求了自己很多年的影迷结了婚。她也没有因为结了婚就开始像很多嫁给了富商的女明星一样享受起富太太的生活，而是仍然从事着自己喜爱的事业，业余时间还打羽毛球。虽然总是有人说她装嫩、整容，可是谁规定就一定要老态龙钟地度过晚年呢？

摩西奶奶也是一个很好的例子，她在77岁的时候才开始作画，一直画到了100岁，并成为了美国著名而高产的原始派画家，就如同她的随笔书名《人生永远没有太晚的开始》。

曾在《我爱我家》中饰演居委会主任余大妈的金雅琴奶奶，在80岁高龄的时候凭借电影《我们俩》中出色的表现斩获东京影展影后。她在获奖感言里就说到“我虽然80岁了，但是我的演艺生涯才刚刚开始！”

其实并不是只有职业生涯或工作多晚开始都不迟，即便是普通的生活也是一样的。有不少女性结婚后、生孩子了或者工作久了就不太关注自己了，不论是外在还是内在，更多的是抱怨家庭和工作压力大。其实都是没有调整好自己的心态，生活不论怎么样始终都是自己的，每个人都有追求自己美好生活的权利，而享受这个权利从来都不迟。

## 5. 怎样防止财富缩水?

我一直认为女人也应该经济独立并且追求生活的品质，同时要尽早开始理财，只会挣钱不会理财就会让自己积攒的财富缩水。

我们先看看挣钱和理财的关系。

一个人的资产好比水池中的水，挣钱就是向水池里加水，而花钱则是排水。如果排水速度大于加水速度，那么水池中就没有办法蓄水，最终水池中的水会流光，这样资产就无法增长。这个道理很容易懂，如果一个人花的比挣的还多，无疑就会入不敷出，越来越穷。

花钱如流水这个比喻再恰当不过的了。

那么我怎么理解理财呢？在我看来，一个人的资产，不止是挣钱和花钱这么简单。我把挣钱比喻成买鸡，如果你工作很好，挣钱很多，那么买的鸡就越多。而理财则可以看做是养鸡，你如果养得好，那么鸡不但会变得更肥，还可以为你下蛋，蛋又可以孵化成更多的小鸡，而花钱就可以看做是吃鸡或是鸡蛋。如果理财没有做好导致投资失败，就好比养的鸡得了病死掉，或者鸡蛋放在一个篮子中不小心都被打碎。

会养鸡的人，鸡越养越多，会理财的人，钱越理越多。

了解了这个规律，我们就不难发现，你要先有鸡。你或许可以借鸡生蛋，比如你是王思聪一样的富二代，老爸王健林可以给你很多鸡，然后你就可以去养这些鸡。如果能做到鸡生蛋，蛋生鸡固然好，如果鸡飞蛋打也无所谓，再找老爸借鸡即可。但是大部分人都只能靠自己去工作，然后买下属于自己的一只只鸡，再好好地养起来。所以这部分人更加要好好学习“养鸡”技术，因为留给他们试错的机会并不多！

普通人如何买更多的鸡？至少可以有两个思路：一、好好地做好现有的工作，不断提升自己，在职场中升值，获得更高的薪酬待遇；二、开发更多的收入来源，比如现在流行的“多重身份”、“斜杠青年”，收入来源多了，整体收入也会变多。无论哪种方式，重点都是“挣钱”，会挣钱是买鸡的基础。

不论采取哪种策略，都只是一种个人选择，并没有绝对的对和错，只要是适合你自己就行。我们看到很多创业成功的人基本上都是全身心地投入到自己的事业中，“All in”的状态让他们获得可观的收入；也有不少在职场中稳步提升的人，从初入职场的小白一直到某个领域的专家，收入也是直线攀升。现在还有很多人除了做好自己的本职工作，还开辟第二职业或副业。我认识一个外国设计师，她平时工作日正常做设计师的工作，在晚上或是周末则是舞蹈教练。简书红人彭小六，平时是程序员，周末则到周边城市做培训，还经营着自媒体、出书。

总而言之，挣钱买鸡是很关键的一步，没有这一步打下的基础，养鸡也就无从谈起。有的人对理财很热衷，刚参加工作不久，工资也不高，就开始花费大量时间和精力研究各种理财，其实这有点本末倒置。这个时候多花心思在挣钱上会更有效果。

挣钱通常都是一个逐步提升并且持续的过程，如果挣到的钱已经可以买鸡，甚至可以买不少鸡的时候，就要开始好好养鸡，即理财。理财并不是教你发财，也不可能一夜暴富，如同手中的鸡不会一夜长大一样，它是一个循序渐进的过程。理财就是要让自己手中的鸡能茁壮成长，多下蛋，再蛋生鸡，并且能抵御被通货膨胀这只黄鼠狼偷走的风险。

既然理财如同养鸡，那么如何养鸡也是大有学问。有的鸡容易养，但是长得不快，下蛋不勤，就如同一些很安全的银行存款、理财产品、货币基金一样，很长时间过去了也没有多少收益。有的鸡则品种稀有，可能长得快，下蛋多，但是也可能要喂得多，而且不好饲养，容易生病死亡。比如风险较高的P2P、指数基金、股票等，这些理财方式可以赚的多，也可能亏得很惨。还有的鸡则骨骼清奇，硕大无比，像鸵鸟一样，但是购买这样的鸡就需要花费很多本金，而这样的鸡可以长得很肥，下的蛋也更值钱。比如房产、商铺这样的投资，前期要花很大的投入，但是会有持续的增值和租金收入。

养鸡要遵循一个规则，那就是各种类型的鸡，不同大小的鸡都要买一些，做到鸡群的合理布局。如果都是同一种类的鸡，饲养起来或许简单，但是收益不一定高，流动性也可能不好，你想吃次鸡肉都不知道杀哪只，抵御风险的能力也可能不强。

比如你把资金都是放在银行的5年定存上，收益就不高，提现也不方便，甚至跑不赢通货膨胀。

如果自己养的鸡已经非常多，这些鸡已经很稳定地成长、下蛋，蛋又孵化成小鸡，整个鸡场不再需要购买新鸡也可以满足你日常对鸡肉、蛋的食用需求，同时对于某些特殊情况如个别鸡生病死亡，被偷也不影响整个鸡场的运作，那么你可以认为是达到财务自由了。

这个时候你即便不再去挣钱买鸡，你养的鸡也能保证你所有生活的消费，并且可以不断增多，那么就可以不用工作，而只需要专心养鸡了。你如果觉得养鸡麻烦，你甚至可以再雇用一个工人帮你养鸡，你再拿生出来小鸡作为报酬。

我们不难看出，努力工作就是为了达成买鸡这个目的，而理财就是养鸡。买不了鸡，就无从养鸡，买越多的鸡对养鸡越有利，鸡养的好就能变出更多的鸡，这样就不用再去买鸡。所以努力工作是为了让自己有财可理，随着资产的增多，好好理财则可以让自己不再需要工作。

通过上面的举例我们可以看到即便你是一名经济独立的女性，家庭收入也不错，但是如果不懂得打理资产，拥有的财富就会不断缩水。导致财富缩水的原因至少有三种：一是因为自己不懂如何理财导致资产跑不赢通货膨胀而逐渐被动贬值（只买鸡不养鸡型）；二是因为自己没有很好的消费观导致入不敷出使资产主动变少（杀鸡取卵型）；三是在理财过程中不懂得合理配置投资比例致使损失超过盈利而使资产缩水（鸡群比例严重失调型）。

所以说如果要做到财富不缩水，还是要学会理财。

## 6. 女性为什么更需要学会理财?

在谈这个问题之前我们先看两个女明星的例子。第一个是赵薇，她的演艺事业自然不必说。更重要的是她懂得投资理财！不仅经营法国酒庄，还跟马云做投资，各种收入远超过她在演艺圈的收入。第二个是刘嘉玲，有次在《金星秀》节目中她就透露她的身家不止八亿，因为在她离开内地刚进入香港无线艺人培训班的时候，她的老师就告诉她挣了钱就要买房子，结果她在香港和内地多处置业，把“土砖”变成了“金砖”。

你可能要说这些明星本来就收入高，而且人脉广，像赵薇本身就是嫁给了富商，自然在理财上能“立竿见影”。但是，就有女明星因为不懂理财而损失大量资金甚至破产。比如谢娜跟风炒股，结果在跌停了五次之后抛掉了持有的股票，导致自己损失了大量的本金。黄磊还调侃说应该把股票的“熊市”改为“娜市”。又比如爱奢侈品、乱消费的女明星章小蕙则直接破产。

明星如此，我们普通人也是一样，懂得理财就会让财富增值，不懂理财可能就会入不敷出。作为一名现代女性更要懂得如何理财，这将会给自己和家庭添加更多保障。

女性的职业生涯相对于男性会更短，20岁出头开始走上社会参加工作，55周岁退休，而男性则要到60周岁才退休。在这期间，女性还会因为怀孕、生孩子、哺育婴儿、生二胎等情况造成事业的中断，随着年龄的增大职场竞争力也会受到影响。有的女性甚至选择生了孩子后辞去工作，在家相夫教子，这样一来可能根本没有工作几年。工作时间短，收入较少，或者经济不独立的女性，如果再不懂得理财，那么无疑会给自己或家庭带来不少风险。

对于不再参加工作的女性，此时只有很好地规划家庭收支，消费有度，合理投资理财，才能让丈夫更安心地工作，不给家庭增加额外的负担。从家庭地位上来看，懂得理财，合理支配家庭收入的女性肯定会更得到丈夫的信任和尊重。如果丈夫的收入本身就一般，自己再花钱没有计划，大手大脚肯定会在漫长的家庭生活中产生矛盾。

虽然现在都说男女平等，但是我们也要看到女性在社会、公司、家庭中很有可能处于相对劣势的地位。所以任何时候都要未雨绸缪，因为你不知道什么时候可能就会因为莫须有的原因得不到升职加薪，甚至被辞退，你也不知道什么时候婚姻就出现了问题。当你想找到一份好的工作时，你可能要面对不平等的竞争，当你想开始新的一段婚姻时又难上加难。这个时候你就会发现拥有职场竞争力、懂得理财的重要性，它们才是你应对突发状况的镇静剂。

女性通常对数字不敏感，对财务不擅长，对各种投资不了解，对政策动向不感兴趣，这样就使得自己不能很好地理财。这也是我为什么建议女性要尽早学习理财知识的原因，理财并不是一蹴而就的事情，是要把时间当朋友，逐渐积累，逐渐提升经验的过程。

女性的平均寿命比男性更长，加上退休时间更早，那就意味着要面对更久的晚年生活，而这个时候已经没有工作收入，丈夫如果也退休也将面临整个家庭收入的锐减。如果不懂得理财，到晚年不仅仅是降低生活质量的问题，更可能面临生存的问题。

所以，女性更要学会理财，并且趁早行动起来，越早开始理财生活获得的经验就越多，就能为自己和家庭的生活增加更多筹码。

当然，我们不能把理财简单地理解为投资、买理财产品，同时，在职场中升值、自我提升、养成好的习惯、做好时间管理、端正消费观等都属于理财的范畴。

## 7. 开始理财，最好的时机就是现在！

有不少人总在拖延。我见过最常见的借口就是——我挣的那么少，哪有闲钱理财？很多人都认为理财是一种需要打理很多资产的行为，因为自己没有什么存款，所以也就没有必要理财。其实这种思想是对理财的一种误解，或者说是很狭隘的理解。在我看来，理财是一种生活态度，是一种习惯，是一种可以随时随地进行的行为。

曾经有个理财的论坛邀请我入驻，当时我写的理财文章并不多，反而是一些职场经验、自我管理的内容比较多。那个论坛的版主就跟我说，其实职场经验这些也是属于理财，叫“前置”理财行为，大意就是属于更好的“开源”。

这个观点也点醒了我，“开源”是理财行为中非常重要的一环，不过我这里所要说的“开源”并不是简单的增加收入种类，虽然当“斜杠青年”的确也是一种有效的“开源”，但是对于很多人来说，把现在所拥有的“源头”扩大化更具实际意义。

我在不少文章中写了很多关于如何提升自己、把握职场中的机会等内容，其实这些就是有效的“开源”。

所以，我们不妨转换思路，理财并不是一上来就是想着存钱然后去买各种理财产品，而应该是先想着怎么更好地创造价值，或者说如何让自己的价值更高。

很多时候，我们对一个人的收入判断就是这个人一个月挣多少工资，或者年薪是多少，但我认为，时薪更能体现一个人的价值。同时，这也更有利于理解“时间就是金钱”这个概念，一个人最大的财富无疑就是时间！

举一个简单的例子，一个人年薪 12 万，相当于月薪 1 万，他每天标准的朝九晚五工作 8 小时，每周双休，有正常的节假日和年休假，对于这样的待遇，我们大致可以算出来他的时薪就是 60 元。另一个人年薪 18 万，相当于月薪 1.5 万，但是他是 996 这样的工作时间，节假日也经常不得不加班，平时请个年假也战战兢兢。我们可以看到后者比前者的收入高了 50%，但是如果折合到小时，你会发现后者还不如前者。

在找工作时，看一份工作的 Offer 不要简单地看月薪，还要看你可能的成长。前面举的例子中的两个人在收入上不同，特别是换算成时薪后，工资高的反而不如工资低的，但是并不能以此就判断出两份工作孰优孰劣，仍然要看这两个人有没有去提高自己单位价值的意识，而提高自己的单位价值就是一种理财行为。

对于朝九晚五的女白领来说，如何有效利用下班后的几个小时就尤为重要了。作为一个刚上班不久的职场小白，可能你的工作相对轻松，每天利用 8 小时的工作时间处理完各项事务绰绰有余,但是如果下班后你的时间都是花在了看电视、玩游戏、娱乐上，久而久之，你会发现工作了好几年似乎还是没有什么提升。

很多人会有一种假象，就是认为在工作时间完成了所有的工作都是因为工作效率高，那些经常加班的人是因为他们不懂得更高效的工作。其实很多时候可能并不是你的工作效率高，仅仅是因为你的工作简单而已。对于这种情况，你就要看同部门其他同事的工作你是否能做，你的导师、主管的工作你是否能做,你上下游的工作是否能做,你对公司其他产品、业界趋势、竞品优势是否了解。仅仅守着自己的那一亩三分地，每天自以为高效地完成了工作，其实也很难有什么提升。

对于工作压力比较大的加班族来说，充分利用工作上的时间就很重要。跟上面轻松的朝九晚五上班族不同，加班族的空闲时间少，工作之余的时间如果还用于处理工作，那么难免精力透支，适得其反，这个时候反而要有更多的休息和放松时间。既然投入在工作上的时间已经非常多，那么就应该考虑这些时间的有效利用。

有的公司有加班文化，下班后领导不走，自己也不敢走，所以白天该处理完的事情磨磨蹭蹭留到晚上才去做，这样的工作态度对公司、对自己都是很不好的。有的人长年累月地加班，好像在职场上也没有得到很快速的提升，从某种意义上来讲也是属于不会工作。

如果需要花费很多时间在工作上，这个时候就要想着怎么利用碎片化时间，怎么用更好的工具提升效率，重复性的工作是否可以自动化、模版化地处理，低价值的工作是否可以避免或是转给别人，是不是可以多线程地并行处理一些工作。还有就是整天的工作中是否充分利用了自身不同时段的兴奋点去处理不同类型的工作。你如果只懂得日复一日地加班加点做大量重复、低价值的事情，而不懂得提升工作技巧和时间管理，那么随着时间的流逝也很难有长进。

我们可以看到无论你现在是一个什么样的工作状态，你总能找到提升自己的方向，而这个就是你可以立刻开始的。因为自我提升就是一种理财行为。

当然，也有人会说不想当工作狂，工作是工作，生活是生活，工作完了就享受生活，没有必要那么累，这是另一种对人生的态度。但即便不从“开源”的角度去开始自己的理财生活，也可以从“节流”方面来开始，比如从端正自己的消费观，这同样是可以立即开始的理财生活。

如果你在家中，不妨环顾一下自己的四周，大致看看自己买回来的各种东西。如果很多家居产品根本不怎么用，一些装饰物品落满了灰尘，很多书只不过翻了几页，以为会经常使用的电子设备几乎没发挥作用，那么不用问，这些东西绝大部分是冲动消费的成果。所以树立合理的消费观首先就是要避免冲动消费。

假如上面列举的一些东西你很少购买，表示你至少在家居消费的环节不是那么冲动。所以请再看看你的衣柜，有没有很多穿着频率极低、价值又不高的衣物？有没有穿了不舒服，又不好搭配的服饰？有没有花了很多钱买的名牌只穿了一次，甚至买回来就束之高阁的服装？再看看鞋柜，是不是有类似的情况？再看看卫生间的化妆品、护肤品，有没有买回来就不怎么用都快过期的产品？如果有不少，那么表示你的消费观还是有待调整。

如果实体的物品消费上还不算那么冲动的话，对于虚拟产品的消费呢？比如有没有经不住推销人员的口若悬河就办了张只去了两次的健身卡？有没有花了几千块报了没听几堂课的培训？有没有看到什么线上活动就拼命充值？有没有为了一些折扣、满减就买了当时不必要的东西？有没有为了花掉优惠券就去订购本不需要的 O2O 服务？

合理的消费观并不是让你节省，抑制消费，而是尽量买自己的确需要并且能充分发挥价值的东西，哪怕这个东西很贵。

其实没有存款也没有关系，丝毫不会影响你立刻开始打造一个会理财的生活。提升工作效率、时间管理、合理消费都是你可以立即开始的理财行为。你的单位价值变高了，生活品质变好了，这就是理财的收获。不用再去纠结什么要有第一桶金，然后钱生钱，这些只不过是理财的另一个维度。就算你目前没有这第一桶金，也别等了，因为每一天都是理财最好的开始。

第二章

# 对数字不敏感的女性如何管理资产？

理财路上难免遇到不少陷阱，一定要记住三个铁律：拒绝畸高利率的理财产品，回避自己不懂的理财产品，不要贪便宜因小失大。世上没有免费的午餐，也没有高收益低风险短周期的理财产品。

## 1. 理财生活从记账开始

有人会问，记账可以使资产增值吗？理财一定要记账吗？这两个问题的答案很简单，记账肯定不会使资产增值，同样的，记账也不是理财必要的手段。那为什么很多理财的教程中都会提记账呢？因为对于还没有开始理财的人来说，与其一上来就去了解各种理财产品和投资手段，不如先好好了解一下自己的收支情况，通过一段时间的记账我们能很清楚地认识到自己的消费情况，并且可以有意识地进行调整。特别对于数字不敏感的女性，以及收入不多总是月光的上班族来说，就算记账不能直接使资产增值，不能使你告别月光的状态，也可以在一定程度上有效分析出自己的财务状况。

最普通的记账就是记录自己的收入，并对每天的消费情况进行逐笔的记录，最后再看每个月或者每个季度的收支分析。对于普通的单身职场女性来说，一般收入主要来自工资，对于已婚家庭中同时掌管家庭财政大权的女性来说可能还包括丈夫的收入，这块的记录并不复杂，主要还是消费情况的记录。消费除了用现金、银行卡、信用卡等方式的支出，还可能涉及自动扣费类的支出，有立即消费的情况，也有预充值再消费的情况，还有使用积分、点券兑换消费的情况，林林总总记起来可能会要花费一定的工夫。

关于记账，我觉得可以分成三个阶段，既然记账主要的目的是了解自己或家庭的收支，那么每个阶段的记账要求可以逐渐降低，以此减轻记账负担，同时达到清晰了解财务收支的目的。

第一个阶段：三个月的精细化记账。这是一开始记账的阶段，可以采取严格记录每一笔收支的方式。这个阶段可以主要采用“随手记 App”，建立一个理财账本就可以开始自己的第一阶段的记账生活。市面上的记账 App 比较多，随手记 App 相对功能比较完善，而且是应用市场上下载排行第一的记账类 App，所以可以优先使用这款 App。当然你也可以根据自己的喜好来选择，单从记账功能来看，基本上各类记账 App 都大同小异。有的人还喜欢在电脑上用 excel 表格来记账，这个不太推荐了，因为精细化的记账讲究随时随地记录，如果还要到电脑上去记一是会有遗漏，二是没有总结分析的功能。还有的人喜欢用一个实体的“手账”日记本来进行记录，记得很详细，还加上配图、心情文字等，这个作为生活的小情小调可以，但是从时间效率上也不太合适。所以理财式的记账还是要选择一款相对专业的记账 App 来进行记录。

这个阶段要做的就是“细”，每个月的收入要记录下来，并且每天的任何消费都要一笔笔记录，最好的方式就是每有一笔消费立即打开手机里的记账 App 进行记录。有的支出可能不是有相关的支付动作，比如优步打车的自动扣费，比如每个月从银行卡中自动关联的扣费（如手机费、水电气、有线电视、网费等），这些也要尽可能地在扣费当时记录到记账 App 中。对于预充值的消费，比如公司食堂饭卡、公交卡，也要尽量在每次消费之后进行记账，

经过一个季度的精细化记账基本上就能看出自己或家庭的详细收支情况，在哪方面支出比较多，是不是必要的，是不是存在浪费，是不是可以进行调整等。如果这一个季度中恰巧包含了诸如国庆、过年这样特殊的长假，可能存在额外支出的情况，那么为了更好地分析日常的消费，建议精细化的记账可以延期一段时间。

第二个阶段：半年的汇总化记账。经历了第一个精细化记账的阶段后，对家庭的财务状况就有了比较好的认识，这个阶段就可以采取相对简化的记账手段，我称之为汇总化记账。汇总记账包含两个方面，一个是记账时间的汇总，一个记账项目的汇总。这个阶段的目的还是要记录下来家庭的收支情况，但是在每一笔收支的时间和精细度上没有第一阶段要求那么高，仍然可以用随手记 App 来进行记账。

时间汇总方面可以在每个月的最后一日，或者任何一个适合自己的固定时间，把当月的固定支出汇总记录一下。比如每

个月需要固定支出的房租或月供、物业管理费、手机套餐费、网费、保险费等，这些费用可能支出时间并不一样，但是可以统一记录。对于有浮动的水电气费用等可以根据账单数据在同一天录入。

项目汇总方面主要是针对预充值的消费，如饭卡、公交卡、储值会员卡，不用在每次消费时都去记录，而只是在充值的那一刻进行记账，单次的消费不再记录。超市的消费如果不包含大件商品，只是平常的食品、消耗品也不用分商品进行分条记录，只需要记录超市小票总金额即可。还有一种更为粗略的汇总化的记账，那就是平时的消费尽量使用信用卡，没有信用卡的用银行卡也可以，然后直接记录信用卡账单金额或是当月银行卡消费的汇总金额。非日常的支出，比如购买大件商品、人情、投资等可以单独记录。

这个阶段记账的细致程度虽然没有第一阶段高，但是也能大致反映出自己或家庭的财务收支情况。这个阶段主要就是关注每个月消费趋势以及收支平衡，如果出现消费大幅增长或是赤字的情况再进行特别关注。

第三个阶段：资产管理式记账。这个阶段严格来说和上面两个阶段并不是串行的关系，而应该看成是不同的维度，之所以放在第三阶段主要是会涉及一些理财的行为，而对于还没有开始进行理财的小白来说可以不用过早开始这个阶段。至于有哪些不同的理财行为将会在后面的章节介绍，这里主要来说明资产管理式记账的方法和目的。

无论是第一个阶段的精细化记账还是第二个阶段的汇总化记账其实主要都是对消费支出方面的记录，但是个人或是家庭的财务很显然并不是只有支出，也会涉及各种账户里的资金、余额，负债，投资的金额、收益等等，尤其是如果有很多个银行卡、投资项目、虚拟账户等情况下那么自己究竟有多少资产和负债,每天的收益情况如何也应该要有个清楚的记录和呈现。因此这个阶段其实就是达到了解自己或家庭的资产、负债、投资收益等情况的目的。

这里再给大家推荐一款“财鱼管家 App”，这款 App 不同于上面提到的消费类记账的随手记 App，它可以起到管理你几乎所有账户资产、投资项目的目的。里面有各种可以记录资产的类别，基本上满足了全面管理个人或家庭资产的需求。

这里面诸如银行卡、住房公积金都是可以自动同步的，各种投资理财选项如 P2P、基金、股票等也可以直接记录你投资的具体项目，会自动跟对应的平台或市场行情进行同步，每天计算盈亏情况。还可以记录各类贷款的情况，对于无法自动进行计算的资产（比如现金、借给他人的钱）也可以进行手动的记录和更新。可以说这是一款非常强大而有效的资产管理工具，对于数据不敏感的女性非常适用，可以帮助自己全面并实时地了解各类资产情况。即便你还没有开始任何投资理财项目，也可以先利用财鱼管家这款 App 来记录自己不同银行卡、支付宝／微信钱包、住房公积金、医保卡等不同账户中的资产。（附录中有对这款 App 更详细的介绍。）

别小瞧了记账的作用和形式，虽然不能直接使你的资产增值，但是对于你全面了解个人或家庭的消费、财产情况非常有帮助。上面提到的第二个阶段虽然是半年，但是建议可以根据自己的情况持续下去，因为相对第一阶段已经简化了很多；第三个阶段也不一定要在第二个阶段之后才开始，可以二者并行，因为是两种不同的维度记账。通过这两种形式的记账，即便你是对数字不敏感的女性也能轻松分析家庭收支情况，并且高效地管理起家庭的资产来。

## 2. 避免现金消费

前面一节中介绍了记账的阶段和方法，可以让自己对消费和资产进行有效分析和管理，但是我们发现如果是非现金的支出即便没有立即在记账 App 中记录也总会被以其他方式记录下

理财路上难免遇到不少陷阱，一定要记住三个铁律：拒绝畸高利率的理财产品，回避自己不懂的理财产品，不要贪便宜因小失大。世上没有免费的午餐，也没有高收益低风险短周期的理财产品。

来，这就给以后的汇总化记录提供了方便，这也从侧面提醒了我们如果有可能应该尽量避免使用现金消费。

我对很多财务状况混乱的人有过观察，财务状况混乱跟是不是有钱、工资高不高没有关系，并不是月收入不高入不敷出就是财务状况混乱，有些人工资很高，资产很多，但是财务状况也是比较混乱。这些人基本上有个共同的特点，就是零钱放得很混乱。

有的人爱把零钱到处放，家中或公司的桌子上，抽屉里，各种搁架上，再不然就是窝成一团塞在口袋里，或是塞在平日的通勤包里。每到要使用的时候，拿出乱糟糟的一把纸币、硬币，边数边掉。或者干脆不用零钱，每次使用现金都是优先使用大额的面钞，找了零钱又不整理直接塞回包里。这些人经常会在某件衣服口袋里意外掏出了点钱，还沾沾自喜，觉得是意外之财，或者洗完衣服晾衣服的时候发现口袋里有湿漉漉的纸币，甚至在洗衣机里发现若干硬币。

你们仔细想想，自己是不是有过类似的情况？如果上述的情况出现得越多，越频繁，那我基本可以肯定，你的财务状况不会好到哪里去。对于零钱的管理虽然只是一种表象，但是也可以映射出你对个人、家庭财务的清晰程度。为什么我们常说“不扫一屋何以扫天下”？往往一个人对小事上的处理就能看出他在大事上的作为。

我以前看过一个关于钱包风水的文章，大意是钱包中的钱要从大到小摆放整齐，同时每张纸币都要平整，有褶皱的、折角的都要抚平放好，而且最好能用长款的钱包，因为这样钱会更“舒坦”。对于各种硬币要统一放在一处，切不可家中、口袋、钱包等各种地方随便放，否则不能“聚财”。

我们先不管这样做在风水学上的意义，但是我们至少可以看出对纸币、硬币的管理或多或少会影响着你的个人形象。如果你钱包里的纸币皱巴巴、乱糟糟的，当你要买东西的时候掏出一把，大大小小的面值数来数去，自己一个人就罢了，旁边如果有同事、朋友，那估计会有些尴尬吧？或者硬币随便放在口袋里，走路的时候乒乒乓乓，再不然乱乱地放在钱包里，掏出来的时候掉一地的零钱，那也是比较尴尬吧？作为一个新时代的女性，避免财务混乱不妨先从避免使用现金消费开始。那么有哪些方式可以有效避免现金消费呢？

首先，尽量使用信用卡消费。有的女性觉得用信用卡消费会控制不住买买买，所以对信用卡有天然的排斥心理，关于信用卡的好处我会在后面章节进行更为详细的介绍，这里只是先做一个消费习惯的建议。如果实在不想使用信用卡或是当前没有信用卡，也可以使用银行卡代替，至少先尽量不要把钱从银行卡中取出来再去消费。很多商户、超市、酒店等都支持刷卡消费。

其次，充分使用网络支付方式。相信不少人都有微信或是支付宝，抢过这么多次红包，肯定是有账户的，没有的话也可以开通一下，绑定自己的信用卡或是银行卡即可。现在很多商户都支持微信支付或是支付宝支付。以微信支付为例，只要你在收银处打开微信，进入“钱包”，然后再选择“付款”，手机上显示出条码和二维码的界面，收银员直接用扫码枪扫码就完成了支付，非常方便。还有些小摊小贩可能无法做到像正规商户收银处那样可以让客户用微信钱包来进行支付，但是现在基本上人人都有微信，你也可以通过微信进行支付。首先让卖方打开微信，在右上角的“+”里选择“收付款”，然后选择“收钱”并设置金额，接着买方也打开微信，在右上角的“+”里选择“扫一扫”，扫描卖方的二维码即可进行支付。

再次，尽量使用各种储值卡进行支付。有的人可能会觉得办理储值卡比较麻烦或者需要缴纳押金，可是麻烦的只有一次，相对于每次都要用现金进行支付，涉及的取现、找零、保存零钱等其实更加麻烦，还不如办张卡定期充值消费。其实这样也有利于之前介绍的汇总化记账。

最后，如果实在出现无法避免使用现金的情况也应该尽量先使用零钱再使用大额面值钞票的方式，不要图省事每次都抽出一张百元大钞来找回一堆零钱。如果知道自己要去使用现金的场所进行消费也要先备好合适的零钱，而不是家里本来就有一堆零钱，出去一趟又产生一堆零钱。

这个时代非现金交易的方式已经非常多，大部分商户都可以刷信用卡或是银行卡，还可以进行支付宝、微信这种互联网账户支付，甚至可以用更高级的 Apple Pay 去用智能手表支付，这些都是有效地避免现金消费的方式。现在基本上人人都有微信，个人的金融业务也可以直接进行微信转账，甚至一些路边摊都可以进行微信的扫码支付。无现金交易在未来一定是一个趋势，其实在发达的城市已经非常普遍。避免现金消费有利于电子化的管理资产，也是一种很好的理财行为。

## 3. 提前规划好支出和还款

当养成了记账的习惯后，对个人或家庭的财务状况就有了更清晰的认识，每个月固定的支出是多少，浮动支出是多少，大概能结余多少基本上都有了概念，尤其是配合资产管理式记账，每个账户上的资产也将一览无遗。这个时候就要开始进行资产的规划了，在提前安排好支出和还款的同时还要避免“资金闲置”。

“资金闲置”的意思就是一笔资金没有发挥出“钱生钱”的作用，躺在活期账户上或者是被取现成为现金放在身上。想要成为“财女”，一定要合理利用资金，既要保证用钱的时候能立即有流动资金供使用，平时不用钱的时候又能保证钱还在“工作”。所以自己或家庭的资金应该分为流动资金、短期资金和长期资金。

流动资金就是随时可以用的资金，这里面也分一定的时间长短。最短的就是可以立即使用的资金，比如银行卡活期账户中的余额，钱包中的现金，充值卡中的余额等。其次是两个小时以内就可以到账的资金，比如微信钱包、余额宝账户中的余额提现。时间再长一点的就是一个工作日可以到账的资金，活期 P2P 账户中的资金提现等。如果时间更长可能就会影响到使用，不能算是流动资金了。

短期资金是在较短的时间里可以到账的资金，一般不超过三个月，一个月以内为宜。有一些短期的银行理财项目就是三个月左右，还有短期的 P2P 理财项目也是一个月至三个月。这些资金不需要像流动资金那样及时被使用，但是属于可预料到会在近期使用的。

长期资金顾名思义就是短时间内不必使用的资金，是一笔为未来做打算的资产。比如银行定存的资金，长期进行定投基金的资金，通过售卖房产获得的资金等。这些资金可能额度相对也比较大一些，如为了子女的教育储蓄、预存的养老金等。

那么每个月提前规划好支出和还款重心就在对流动资金和短期资金的规划上。如果一个人或是家庭的流动资金、短期资金、长期资金要有一个比例的话，比较合适的是 20% 的流动资金、30% 的短期资金以及 50% 的长期资金。如果平时主要使用信用卡消费，那么流动资金和短期资金可以进一步降低，变为 10% 的流动资金、20% 的短期资金以及 70% 的长期资金。这样一来更多的资金处于收益更高的“钱生钱”状态，从长远来看自然更有利。

流动资金中少量放在银行活期账户中用于银行卡关联的自动还款，主要用于平时的手机费、网费、物业费、水电气、保险等费用的自动扣款，这些费用通常都不高，而且扣款时间不一致，出于方便性的考虑在自己的活期账户上应该保留这些款项以便于及时地缴费。另外再有少量的现金用于充值或者必要的现金消费场合即可，这里还是建议尽量避免现金消费。另外还有一部分流动资金就可以存入微信钱包 / 余额宝或者一些活期 P2P 账户中了，有些活期 P2P 账户提现也能在半小时内到账，是很不错的打理流动资金的方式。

短期资金中可以有一部分是一个月的投资金额，这部分主要用于流动资金不够用，或者偿还信用卡、支付房租、房贷的情况。另外的部分是三个月的投资金额，主要用于短期内可能遇到的较大消费，比如旅游、购买大家电、人情等。

每个月工资发下来后补足流动资金和短期资金后就可以都放入长期资金中，如果临近交房租、月供、还信用卡的日期也可以用工资先去支出这些费用,剩下的则再分别存入流动资金、短期资金和长期资金账户中。

还有一种控制消费强制储蓄的方式，即一发下工资就将一定的比例存入长期资金中，比如购买定投基金，然后再考虑存入流动资金和短期资金。其实只要对个人或家庭的账务清晰，特别是经过一定时间的记账和资产管理，做到先储蓄后消费这一点也不难。

总的来说，要想做好每个月的规划有三点注意，一是通过记账对财务清晰，二是多用信用卡消费获得时间，三是将收入合理分配到流动资金、短期资金和长期资金中，并利用时间差来让流动资金和短期资金收益最大化。

## 4. 小心理财陷阱

不少女性对数字不敏感，有时候无法分辨哪一个理财行为适合自己，很容易让自己掉进理财的陷阱中，金钱损失事小，精神受损就大了。所以理财的路上一定要擦亮眼睛，跳过一个个陷阱，找到属于自己的理财方式。

第一种很明显的陷阱是畸高的收益率。

一般来说理财讲究用时间换收益，很少有在短时间内获得非常高收益的理财产品。银行理财产品一般也就是在 5% 以内，通常都是低于贷款利率，如果是定期存款则更低。货币基金、债券也基本上跟银行理财差不多的收益率，能够超过 5% 的极少，也就是在 4% 左右。现在比较流行的 P2P 理财则高一些，活期的可以达到 6%—7%，定期的标如果时间长可以达到 15% 左右，这已经是非常高的收益率了。至于股票或者指数基金、黄金、外汇、期货等会因为市场行情、国家政策、国际局势等有比较大的波动，存在很大的不确定性，既有可能在短时间内获得较高的收益，也有可能在短时间内损失大量本金。

但是如果有一款理财产品声称自己稳赚不赔，并且年化收益率非常高，超过 24% 你就要十分小心了，因为市面上几乎不存在这种理财产品。这类产品基本上不可信，虽然可能在一些民间借贷中存在，但是不受国家法律保护。

之前看到过一个叫做 MMM 的互助平台，声称月收益就达到 30%，这是非常可怕的收益率，完全没有可能。但是仍然有不少人抱着投机的心态在这个平台上投了很多钱，最后这个平台资金断裂，很多人亏得血本无归。有句话说得好，你看中了别人的利息，别人却看中了你的本金。遇到这种畸高的理财产品多半都是骗局，千万不要抱着试试看的心态去投资，因为就算你能在一开始尝到一点甜头，但是最终会鸡飞蛋打。

第二种陷阱是盲目进入自己不懂的领域。

我在某一年的“3·15”晚会上就看到过一个案例，视频中有位受访女性受到网站的诱惑去炒白银，但是她本人对白银的市场根本不了解，而且也不知道对应平台提供的买卖白银的软件做了手脚，结果眼睁睁地看着自己投资的资金急速缩水。

我记得很早以前有个家庭情景喜剧《我爱我家》中就有一集也是讲的宋丹丹一家人盲目投资的故事。他们有个邻居（蔡明饰）入股了一个投资项目，宋丹丹经不住诱惑也投资了一股，接着她的公公、小姑、女儿甚至是保姆都参与了进来。但是全家人对这个投资一点也不了解，结果蔡明亏了钱，整个投资算是失败了。虽然最后蔡明没有让宋丹丹一家蒙受损失，但是这个故事也告诉了我们一个很浅显的道理，不懂的投资理财最好不要碰。

类似的还有自己没有炒股知识和经验就盲目进入股市，甚至把自己的钱给别人去帮买股票，不清楚黄金、美元走势就跟风购买黄金、外汇。这些都是很不理智的做法，非常容易让自己进入理财的陷阱中。

第三种陷阱就是银行给我们挖的小坑，这种陷阱比较小，但是却很容易栽进去。

有的女性在使用信用卡消费过程中没有很好的计划性，导致某个月的账单非常高，偿还比较有压力，而这个时候又刚好看到银行发来账单分期的短信，或是网站上分期的活动送礼品，经不住诱惑就把账单做了分期。虽然账单分期看似解决了当月的还款压力，但是因为分期带来的手续费可不一定是个小数目，而且每一期的手续费是固定的，无论你是已经还了多少期或是提前还款，你都要支付每一期的手续费。

举个例子，招商银行12期的分期手续费率是每月0.66%，假设10000元分12期还，每个月的手续费就是66元，总共是792元的手续费，这样算好像全年的利率是7.92%，看似也不多。但是你还款的时候是按月还的，也就是说每个月要还833.33+66元，你会发现每个月的本金都在减少，但是手续费仍然是按照 10000×0.66% 这个额度交，哪怕最后一个月只剩下 833.33 元，你也是要交 66 元的手续费，那这个利率折算一下会达到 14% 左右！你可以想想有什么理财产品能超过这个利率？

通过信用卡预借现金也是同样的道理，虽然可以把额度换成现金，但是却要因此支付非常高的利率。包括直接用信用卡在 ATM 上取现金，那么不仅有手续费，而且会按照天来算利息，综合起来也是十分亏本的买卖。

信用卡本身是个好东西，是个不错的理财工具，可是如果因为自己不了解，频繁进行账单分期、预借现金、ATM 取现，看似解决了燃眉之急，其实要为此付出很不划算的代价。银行肯定希望你这样做，因为这是他们给你挖的陷阱。

理财路上难免遇到不少陷阱，一定要记住三个铁律：拒绝畸高利率的理财产品，回避自己不懂的理财产品，不要贪便宜因小失大。世上没有免费的午餐，也没有高收益低风险短周期的理财产品。

# 5. 如何掌握家庭财政大权?

每个家庭的情况都不同，很难下结论说任何家庭都应该由妻子或是丈夫来掌握财政大权。但是有一点，想得到家庭财政大权的一方无论如何都不应该认为自己掌握家庭财政大权是出于自己在家庭地位中的需要，也不应该认为是出于对自己一方利益的考虑。掌握财政大权的一方首先应该感激对方的信任，而这份信任也将带来更多的责任，这个责任就是使得家庭的经济条件越来越好。换言之，拥有财政大权的一方需要更懂得如何经营自己的家庭。

有三种家庭情况比较常见,一种是由妻子掌管家庭财务的，夫妻双方可能都有工作，或者妻子赋闲在家，丈夫则把工资卡给妻子，妻子每月给丈夫一定的“零用钱”，家里的大部分支出主要由妻子做主。另一种是丈夫掌管家庭财务的，丈夫作为家里的经济支柱，妻子的收入比较少，或者是家庭主妇，丈夫则每月给予妻子一定的家庭生活费用，日常消费特别是大件的消费主要是丈夫做主。还有一种则是有点像婚内的 AA 制，夫妻双方都有自己的收入，经济上相互比较独立，可以自行支配自己的收入，但是在一些大宗消费或者子女教育费用等方面又会共同出资或者以收入多的一方为主。

第一种情况似乎有点像我们戏称的“妻管严”，丈夫时常得藏点私房钱；第二种情况则是有可能是女性对财务不敏感，经济上不够独立，不会打理资产，处于相夫教子简单过日子的状态；第三种情况难免给人感觉夫妻双方不够默契，毕竟结婚也包括经济上的结合，但是这个现象还是普遍存在的。

那么女性要不要掌管家庭财政大权呢？在分析这个问题之前，我们先要明确妻子掌管家庭财政大权并不是指每个月只给丈夫很少的钱，然后自己就随意地买买买，而是指合理分配夫妻双方的收入，有计划地消费支出，有目的地进行理财投资，从而使家庭资产跑赢通货膨胀并尽可能地升值。所以女性自己首先就要有这样的能力来打理家庭资产，如果是一名对财务一窍不通，消费观不合理，也不会理财的妻子，那么还不如果断将财政大权拱手交给丈夫。

如果是一名很会理财、对数字敏感、懂得合理消费的女性，我建议是可以掌管家庭财政大权的 。一般情况下，女性还是更顾家更心细一些，特别是有子女的家庭，女性掌管家庭财务更利于家庭和谐。这个观点其实也是有数据支撑的。

财鱼管家随机调研了 156439 名已婚超过 3 年的用户，其中 A 组由女方打理家庭资产，B 组由双方共同管理，C 组则由男方掌控家庭资产。在婚后 3 年，A 组中有 81% 的用户家庭财富增值超过 50%，B 组有 45% 的用户家庭财富增值超过 50%，而

C 组只有 16% 的用户家庭财富增值超过 50%。

财鱼管家表示这些用户普遍都是有一定财富基础，用 3 年时间增值 50% 以上并不是十分容易的事情。从上面的调研数据上我们可以看出，大多数情况下女性掌管家庭财务是更利于家庭财富增值的。

在大多数中国的家庭构成中，男性还是家庭主要的经济支柱，一般来说丈夫的收入还是多于妻子，这也使得不少家庭中妻子干脆辞职在家带孩子。选择放弃事业相夫教子的女性不一定就是文化水平有限不懂得理财，相反的，也有不少高学历、工作经验丰富的女性，这类女性如果掌管家庭财务对丈夫是有很大帮助的。这个可以理解为我们常说的“男人背后的那个女人”，她能让丈夫更集中精力到工作上，不用消耗在家庭琐事上，从而在职场中能更快地升职，获得更多的报酬。

我也一直强调女性应该经济独立，但是很多时候女性在家庭中难免处于相对弱势的地位，所以如果能够掌握家庭财政大权有利于夫妻地位的平等。但是正如前面所说，女性掌握家庭财政大权并不是刻意让自己的地位超过丈夫，而应该抱着经营家庭利于家庭资产增值的心态，地位上的提升只是副产品。

所以作为女性想要获得家庭的财政大权首先要调整心态，

端正自己的消费观念，不能有极强的败家习惯。在这个基础上再增加自己对数字、财务的敏感度，学会合理分配家庭收入和支出，再拥有一些理财投资的知识并逐步实践。做到这些，作为丈夫只要是真心关爱自己的家庭，自然愿意交出自己的工资卡来。说到底，作为女性自己先不要急于抱怨丈夫不给你家庭财务大权，而是要修炼好内功，毕竟生活的路还很长，理财更是一辈子的事。

## 6. 任何时候都要珍惜你的信用

有一部名为《Black Mirror》(《黑镜》)的英国科幻电视剧，在第三季的第一集讲述了这样一个故事，未来世界的每个人都由一个分值来代表，无论是熟人朋友还是陌生人之间都可以互相给对方打分。这有点像我们平时打优步，行程结束后可以给司机打分，五颗星表示非常认可，一颗星则表示非常不满意。

电视剧中的最高分是5分，越接近5分，就表示这个人的社会地位越高，受欢迎程度越高，分数高的人给分数低的人评分会使得分数低的人增加或减少更多的分值，因此分数低的人总是要拼命讨好分数高的人，特别害怕被分数高的人打了低分。

分数高有很多额外的好处，比如租房子可以得到额外的折扣，机场享受贵宾服务，还有各种特殊优待。而分数低的人则会受到各种限制，被他人瞧不起。每个人为了使自己的分值不断提高，要戴着伪善的面具生活，不能展示出负能量和任何负面情绪，要时时刻刻显得自己有礼貌、举止优雅，并且要不断地在社交网络上贴出自己幸福的生活，以此得到别人的高分评价。

有意思的是片中的女主角本来也是属于比上不足比下有余的分数，为了提高自己的分值去参加一个高分闺蜜的婚礼，当她的伴娘。结果阴差阳错在机场出现了一些问题，被保安直接扣了两分，并被处罚双倍减分，然后一系列的倒霉事件接二连三地发生，原本还属于一个优雅女白领的分值最后竟然被减到了 0 分，直接被送进了监狱。

片中每个人的分值其实就是表达了一个人的信用，只不过在科幻电视剧中过分夸大，也是从另一个角度反映当前社会中科技发展可能对人性造成的抹杀，一个畸形的积分体系让每个人都非常的压抑和虚假。《黑镜》这部电视剧每一集讲述的故事都比较负能量，意在警醒世人不要过度依赖科技。

回到现实中来，其实电视剧中的很多场景已经在我们所处的生活中。比如在朋友圈给人点赞，网上购买了一个东西后进行点评，外出就餐后给餐厅打分，接了客服电话后给出满意度评价，还有前面说的给司机打分，给上门服务的钟点工、快递打分等等。而我们自己也在不断被各种应用计算着，比如微信会计算每个用户的相关数据，然后以此决定该用户在“微粒贷”中可获得的信用贷款额度和利率。又如支付宝中的芝麻信用，也是通过用户的身份特质、人脉关系、行为偏好、履约能力、信用历史给出一个分值，分值越高就能获得信用贷款资格，甚至机场 VIP 安检通道等权利。还有各种各样的 App，都会根据用户使用和消费情况进行等级划分。林林总总，和《黑镜》故事中的世界竟是如此地相像。

虽然《黑镜》中是从另一个角度来看待每个被数字化的人类，但是现实中的我们也不得不关注自己的信用情况。如果信用不佳，可能会享受不到各种高级服务，在某些场合受到限制，就像电视剧中的女主角因为差零点几分而不能改签机票一样。如果信用出现问题，那么可能会直接影响买房、购车、贷款、办理签证等很重要的事情。而一旦出现信用问题可能是要跟随自己很多年，甚至是终身的，因此任何人都不要忽视自己的信用问题。

在金融领域有不少地方可能引发信用问题，比如信用卡账单没有按时还款，这是很可能带来信用问题的情况。为了避免这一点首先就不要办理太多信用卡，否则各种账单日、还款日搞混淆了，即便不是因为没有钱还账单，也可能忘记还款日。

所以使用信用卡要尽量绑定银行卡自动还款，并且设置日程提醒提前在扣款银行卡上备足还款金额。如果真的遇到短时间不能还款的情况，在三天以内的可以事先打电话给信用卡对应的银行客服，看是否可以通融晚几天还，不要到扣款日过了形成了信用污点再去解释。如果比较长时间无法还款，可以考虑进行账单分期，或者只还最低还款额，这样会有比较多的利息支出，一般都不建议，但是跟信用比起来，多花点钱也是值得的。信用卡、银行卡注销时也要特别关注自己是否还清了账单、年费，有可能会因为一时疏忽没有还清很小的金额给自己的信用带来影响。

房贷也是同样的道理，在还房贷之前就应该在账户上预留足够的资金，如果银行扣款失败很可能就被记录成信用污点。一旦真的出现无法偿还月供的情况，一定要第一时间跟贷款银行沟通，只要一直还款记录良好，银行可能会有通融、延期还款的处理。

除此之外，平时的水电费、物业管理费、有线电视费、网费、手机费、保险费等都不要有意无意地欠费，这些费用都是属于日常支出，应该在关联扣款账户上保留有缴纳这些费用的资金。即便有些项目费用不一定会直接产生信用问题，但是也可能会影响其他业务的办理。比如有时候办理贷款需要提供至少半年的本地水电费或有线电视费的账单，如果你因为某个月没有交，那么就很可能会影响贷款的办理。

现在的社会涉及个人的信用的地方越来越多，而未来更是无处不在，信用是慢慢积累的过程，现在如果不注意，觉得无所谓，一旦要办理正事时可能就会遇上麻烦，甚至在以后会影响到工作和生活的方方面面。所以,任何时候都要珍惜你的信用。

第三章

# 适合女性的理财方式

女性在选择长久的理财方案时，一定要牢记四条铁律：有耐心、需趁早、避风险和多元化。

# 1. 关于理财的四条铁律

理财并没有什么速成法，如果想在极短时间内获得高收益那么就要承担极高的风险，很可能会损失大量本金，这跟赌博差不多，并不是合适的理财思路，更不适合女性。作为长久的理财方案要牢记四条铁律，即有耐心、需趁早、避风险和多元化。

有耐心就是指理财是一项长时间的工作，不会一蹴而就，更不是一种短期的投机行为。广义上的理财更包含自我提升的部分，这更需要有耐心。即便是狭义上的理财也是需要长久的投入，你需要把时间当朋友！

除了要考虑在时间上的投入外，还有需要进行相关理财知识的学习，没有人天生就有很高的财商，不用学习就能掌握各种理财知识和技巧，那么不断学习提升同样也是一个耐心的过程。

理财获得的收益也是需要一定的时间才能发生质的变化，很短期的理财获得的收益通常不会特别高，只有持续投入本金，再把获得的收益重复投资，才能形成一个滚雪球的效应。要想让自己理财的雪球越来越大，必然有一个从小开始积累的过程，而一开始可能也是一个缓慢的过程，需要保持耐心。

我之前讲过，理财要趁早，这跟有耐心又是紧密联系的。有耐心是讲理财是一个长期甚至终身的事务，时间越长获得的收益也会越明显。但你如果20岁就开始理财和40岁才开始理财，每年投入相同的资金，到达60岁退休的时候获得的收益差别就会非常大。

用数字来说明会比较直观：假设你每个月投资100元，年化收益率是10%，从20岁就开始投资，一直到60岁时将获得632407元；如果是30岁开始投资则只能获得226048元，而如果是从40岁才开始投资最终只能获得75935元。其实每个月只投资100元是非常小的数额，如果每个月投资的金额再增大几倍，那么最终的区别会更大。

理财要趁早就是为了更早地得到利滚利的复利效应。

正如前面所说，广义上的理财也包含自我提升，这自然也是越早越好。如果年纪轻轻就忽视投资自己，停止自我提升的步伐，那么很可能就意味着遭遇中年危机，进而晚景凄凉。对于年轻的女性来说，任何时候都不要忘记投资自己，越早投资自己在以后获得收益也将越高。

理财不是投机，所以要尽可能规避风险。收益和风险是成正比的，没有高收益低风险的理财产品，规避风险不是说完全不承担风险，而是让风险在自己承受范围并且尽可能的可控。

首先要做的就是不要去碰自己完全不懂的理财产品，什么期货、原油、比特币，这些对于很多女同胞来说都是比较陌生的概念，你如果连其原理都搞不清楚，那不就是跟赌博一样？其次理财要注意短期、中期、长期产品相结合，因为你也要考虑资金的流动性，如果都投入了长期的、变现困难的理财产品也是一种风险。

有人会说投资房产是一种高收益低风险的理财，但这个也要具体分析，因为房产投资首先金额巨大，尤其是像一线城市的房产，在投资过程中也可能会出现卖家毁约、办不下贷款、房产有问题等情况，甚至出现政策法规的变动导致突然失去购买资格而损失定金。买了之后也有可能出现纠纷、变现困难、房价下跌的情况，这些都是潜在的风险。当然如果买对了房子自然是一件高收益低风险的投资，但是你仍然要承担还不上月供、变现困难等风险。

理财还要规避的风险就是不要使自己背负过多的高息负债，更不要借钱去进行孤注一掷的投资，甚至想借鸡生蛋。像房贷这种低息贷款可以背负，只要在自己还款能力之内可以多贷并且时间越久越好，但是如果是高息贷款、高杠杆炒股都是很大的风险，需要规避。

理财多元化也和规避风险息息相关。我们经常说不要把鸡蛋放在一个篮子中其实质就是投资理财中规避风险的做法，为的就是防止孤注一掷结果颗粒无收还损失大量本金。这里的多元化既可以是将一笔资金分成不同的份额投资同一个平台的不同项目，也可以是投资不同平台的不同项目。

以银行平台为例，你可以通过银行购买不同的理财产品、储蓄、债券、外汇等，这些就可以看成是相同平台的不同项目。而如果你是投资基金、股票、房产、收藏品等，可以理解为投资不同平台的不同项目。这两种方式也同样可以结合起来。

多元化不仅是为了减少风险，同时还考虑到要兼顾资金流动性和收益率平衡。如果把资金都投入到长期的高回报项目中，这个虽然能获得较高的收益，但有可能需要急用钱的时候却没有办法变现。所以多元化其实就是要将流动性好收益低的理财产品、流动性一般收益一般的理财产品、流动性差收益高的理财产品进行一定比例的配置，而且这个配置要根据自己的个人或家庭情况进行动态调整。总的目标就是在自己需要用资金时马上有对应的理财产品可以变现供使用，同时尽可能地保证收益最大化。

多元化投资也将会产生多元化的收益，有助于个人和家庭形成一个稳健的被动收益体系，并最终达到财务自由的目标。

女性在选择长久的理财方案时，一定要牢记四条铁律：有耐心、需趁早、避风险和多元化。

有耐心、需趁早、避风险、多元化这四条铁律其实是相辅相成的，其中任何一个做得不够好都会让理财的效果不理想。没有耐心可能就想着投机取巧，很大几率造成投资失败，蒙受损失；理财开始得很晚，那么能获得的收益也有限，比较难达成理财目标；不注意有风险的理财项目，或是刻意追求高风险的理财产品，很容易鸡飞蛋打，入不敷出；单一化的投资，要么收益率低跑不赢通货膨胀，没有有效利用资金，要么流动性差变现困难直接影响到资金的使用。

因此，只有遵守这四条铁律，在理财的路上才会越走越远，越走越顺。

## 2. 设定理财目标，尽早开始基金定投

不论进行何种理财方式，投资哪种理财产品都应该给自己定一个理财目标，比如这笔钱是短期要用还是长期要用的？这笔钱应该大致需要多大的金额？是用于买车、买房做首付还是给子女做教育储蓄，或是给自己做养老金？

制定理财目标的第一个好处就是能够让你有意识地专款专用。如果一笔钱是想着以后组织家庭出国旅游的，那么你就会强化这样的目标意识，而不是把它看成一笔随时可以用的资金，

在自己看中了一个包包后，就毫不犹豫地把它提取出来花掉。

第二个好处就是会估算达成目标所需要的资金，然后反推自己要按照什么计划来存钱和理财以达成目标。这样就会倒逼自己为了完成目标而有意识地进行理财，而不是毫无限制地消费支出，也不会出现有钱就理财，没钱就无所谓的情况。会使自己的计划性变强，尤其适合在花钱方面比较随性，不为未来做打算的女性。

第三个好处就是让你再达成目标后会有很强的成就感。因为理财目标并不同于这个月发了工资就去吃顿大餐、买件衣服那么迅速可以达成，而是一件细水长流、聚沙成塔的过程。理财目标通常短则三五个月，长则几年、几十年，没有一定的恒心和毅力很难达成，但是一旦通过自己日积月累的理财达成了目标，那么获得的成就感自然不言而喻。这也将会激励你学习更多的理财知识。

所以制定理财目标可以分成短期（几个月）、中期（2 至 5 年）、长期几种类型（6 年以上），这通常也对应完成目标需要不同的资金量。短期的理财目标可以是诸如国庆长假去哪里旅游、购买一件心仪的电子产品；中期的理财目标可以是诸如购买一辆代步车、凑够买房的首付；长期的理财目标可以是给家庭成员购买的保险、子女出国深造的学费、自己的养老金等。

短期的理财目标因为时间较短、本金较少，可能很难有比较高的理财收益，所以多半可以理解为强制储蓄，即根据理财目标需要的资金额度，在工资发下来的时候进行强制储蓄。因为短期就要使用，要考虑灵活性，所以也不能投资时间周期较长的项目。因为只有几个月的时间，所以可以考虑存入余额宝、微信理财这样的宝宝类账户中，也可以考虑放入收益更高一些的活期 P2P 理财账户中。

中期的理财目标则可以考虑收益稍高的理财产品，除了平时月薪中的一部分作为本金，如果有季度奖金、年终奖等相对大额的收入都可以作为中期的理财目标。中期理财目标相对来说可以稍微激进一些，理财方式也可以大胆一些。因为中期的理财目标一般有若干年，所以在资金的流动性上要求没有那么高，所以可以选择比较稳健的 P2P 平台，循环投资半年至一年的标。投资股票和期货虽然也适合中期理财目标，但是风险比较高，容易损失本金，会造成无法达成理财目标的风险，所以不推荐。对 P2P 不了解，或是觉得不安全的女性也可以选择风险低的银行理财产品，毕竟保证本金是达成理财目标的首要前提。

长期的理财目标则讲究小额投入、复利效应，把时间当朋友，要达成长期的理财目标可能需要很多年的持续投入，所以不用太在意短期的波动。长期理财的本金只需要占用月薪中相对较少的比例即可，比如 10%，拿出 10% 的月薪来进行长期的投资，可以是每个月两三百的保险金，也可以是每个月五六百的基金定投。如果长期目标有好几个，那么就可以分立几个定投基金。

要达成长期的理财目标是比较困难的，因为时间跨度太长，一方面是可能比较难坚持，一方面是世事难料，很容易就造成中断。在前面介绍的理财四条铁律中也提到了很重要的一条就是理财要趁早，所以如果是给自己定了长期的理财目标越早开始就越容易达成目标。

基金定投是很适合作为长期理财目标的方法。首先它适合长期投资，投资越久基金越成熟；其次它不需要一次性投入大量本金；再次通过定投可以有效降低风险。有的人不太理解基金[1]定投是如何降低风险的，这里做一个简要的说明。

假设一个名为 A 的基金市值是每份 1 元，每个月都固定投资 1000 元购买这个基金，这就是一种基金定投的行为。为了方便说明定投的效果，我们不计算购买基金所需要的申购费（一

---

1 注：基金本身有很多概念和知识，在比较短的篇幅内很难说清楚，所以在本书中开辟单独的章节来介绍。

般在 0.1%—1.5% 之间，各平台会有差异）。那么第一个月在市值 1 元的时候你就是买了 1000 份。

假如第一种情况，下个月这个 A 基金涨了 25%，变成了每份 1.25 元，此时原来购买的 1000 份 A 基金就变成了市值 1250 元。这个时候你还是定投 1000 元，此时就只能购买 800 份了，也即你在基金价格高的情况下购买的份额会减少。在高价位的情况下持有的份额少，那么基金下跌的时候损失也会小。

假如第二种情况，下个月这个 A 基金下跌了 25%，变成了每份 0.75 元，此时原来购买的 1000 份 A 基金就变成了市值 750 元。这个时候你还是定投 1000 元，此时就可以购买 1333 份了，也即你在基金价格低的情况下购买的份额会增加。在低价位的情况持有的份额多,那么基金上涨的时候获利也会增加。

除非你总是能判断基金的涨跌情况，总是在低价位的时候大笔买入，否则还是按照定投的这种方式来购买基金会比较稳妥，因为是一个长期投资，所以不用为短期的涨跌影响心情。

有很多平台都可以购买基金，最常用的就是银行的 App，用银行 App 购买的好处就是可以进行设置每个月固定时间进行扣款购买，这样就属于自动定投基金了。但是前提是你在扣款日到来前预存了足够的资金，还有就是银行购买基金的申购费会比较高。一些 P2P 平台，如陆金所也可以购买基金，还有支付宝、京东钱包也可以购买，而且申购费会比银行 App 低很多，并且也可以进行定投。比如支付宝中就有按周进行定投的基金，这样比按月定投的效果会更好一些，可以根据自己或家庭的情况灵活选择。

不论用哪种方式都建议尽快给自己定一个长期的理财目标，并且趁早开始，即使是每月定投 100 元也是迈出了真正的第一步。

## 3. 银行理财，稳字为先

女性选择理财产品首先应该求稳，然后再是考虑收益率，特别是在刚开始进行理财的阶段不要受高收益诱惑贸然选择风险高的理财产品。理财是一个循序渐进的过程，可以在自己掌握了更多理财知识的时候进行尝试一些风险稍高的投资项目。

基金定投前面已经介绍过，是一种可以风险较低并且适合完成长期理财目标的投资方式,但是不适合中短期的理财目标。虽然也有人投资基金在短时间内获得不错的收益，但是这类投资者通常都是经验比较丰富或者有比较多时间研究基金的人，甚至是对经济形式、国家政策都比较关注，对于大部分刚开始进行理财的女性来说这样的短线操作基金并不适合。

既然长期理财目标适合用基金定投的方式，那么对短期或是中期的理财目标也要有对应的投资方式。如果从稳健的角度来考虑，那么就可以先选择跟银行相关的理财方式了。不过需要再次说明的是，银行理财产品的利率都是偏低，并不具备综合优势，仅适合刚开始理财，并通过中短期的投资提升理财经验的女性。

最普通也是最安全的银行理财就是定期存款，定期存款非常简单，无论是在银行柜台、ATM、网上银行还是手机银行App中都能轻松操作。如果一笔资金闲置，短时间内不想使用，又不想躺在活期账户上那么就可以选择定存，定存的时间可以是预计自己将要使用这笔资金的时间，可以是3个月到5年不等，时间越久利率越高。

虽然定存比较简单，而且几乎无风险，但是现如今的存款利率实在太低，一般都不建议去做定存了。收益率低不说，资金的流动性很差，一旦要用钱，将定期转活期那么就会有利息的损失。如果实在是没有什么投资理财渠道，只认银行存款，那么可以考虑12存单法、36存单法以及60存单法来兼顾收益和流动性。

以 12 存单法为例，每个月都拿出一部分资金来定存一年，12 个月之后就有 12 张 1 年期的存单，从第二年开始每个月都会有一张存单到期，这个时候如果需要使用钱则使用，如果不使用就可以连同当月要存的钱继续存一年定期，如此往复。这样每个月都有一笔定存到期，可以满足短期资金的需求，也可以让存款都是一年定期的利率。36 存单法和 60 存单法也是类似的逻辑。

除此之外，银行还会提供大额存单（存款利率有上浮），七日通知存款等储蓄方式，这些都是相对风险极低的理财方式，但是利率也是非常低，只适合理财非常初期的而且比较保守的新手。

第二种比较常见的银行理财方式是购买国债。国债，又称国家公债，是国家以其信用为基础，按照债券的一般原则，通过向社会筹集资金所形成的债权债务关系。国债是由国家发行的债券，是中央政府为筹集财政资金而发行的一种政府债券，是中央政府向投资者出具的、承诺在一定时期支付利息和到期偿还本金的债权债务凭证，由于国债的发行主体是国家，所以它具有最高的信用度，被公认为是最安全的投资工具。

国债也分为短期、中期和长期，短期是指一年期，长期是指十年期，介于二者之间的是中期，利率也是期间越长越高。国债本身还有很多概念和知识，理解起来也比较复杂，虽然利率比银行定存利率高，而且没有利息税，但是不是随时可以购买，从方便性和流动性上考虑也不建议作为主要的银行理财方式。

我们常说的银行理财产品，按照标准的解释是商业银行在对潜在目标客户群分析研究的基础上，针对特定目标客户群开发设计并销售的资金投资和管理计划。在理财产品这种投资方式中，银行只是接受客户的授权管理资金，投资收益与风险由客户或客户与银行按照约定方式承担。一般根据预期收益的类型，我们将银行理财产品分为固定收益产品、浮动收益产品两类。

银行理财产品项目非常多，按照时间可以分为固定期限（如30天、90天）和不固定期限（交易日即可赎回），通常是固定期限的利率高于不固定期限，而且时间越久利率越高。银行理财产品的利率会高于存款利率，但是购买有门槛，常见的是5万元起购买。

有一点特别要注意的是银行理财不一定是保证收益的，在购买时要仔细看产品说明，还有可能在一定条件下你购买的银行理财会提前终止。提前终止那肯定就不会获得预期收益了。可以看得出来银行理财产品虽然收益高于银行存款，但是伴随着的是一定的购买门槛和风险。不过总体而言还是相对稳健的理财方式，而且有不同的期限供选择，可以合理搭配既保证资金流动性也保证收益。

购买银行理财产品也比较方便，在手机银行 App 里就可以操作了。以招商银行 App 为例，登录账号后，在 App 下方的导航栏中就有“理财”一项，切换进入后就可以看到“理财产品”板块，点击进入后就会列出各种理财产品。

选择银行理财就不要想着追求多么高的收益了，能跑赢通货膨胀就很不错了，还是主要看在风险极低可保证不损失本金的优势上。随着自己理财知识的增多，风险承受能力的变强，可以逐渐减少银行理财投入的比例。

## 4. 再不试试互联网理财，你就 OUT 了

什么是互联网银行呢？我在深圳工作和生活，深圳就有国内首家开业的民营银行，也是国内首家互联网银行，叫深圳前海微众银行（以下简称“微众银行”）。我们知道“微信”是腾讯旗下产品，我们每天都离不开，而“微众银行”也是由腾讯牵头成立的互联网银行。腾讯的市值现在已经超过了阿里巴巴，所以腾讯牵头成立的银行想必在资质上也不会差。

如果你要问我互联网银行的优势是什么，且不说什么互联网思维那些高大上的理论，我的第一反应就是好用。腾讯的产品易用性都比较好，这得益于腾讯本身的产品设计实力和多年对用户体验的深入思考。微众银行也不例外，使用微众银行这样的互联网银行 App，你会发现比众多银行 App 要好用得多。

当然，互联网银行的易用性只是锦上添花，真正的厉害之处还是对用户需求的把握。举两个简单的例子，在传统银行 App 里买基金的话首先就要有复杂的开户流程，而且手续费还特别高。但是在微众银行中你就不需要经历复杂的开户过程，想买就买，还有手续费的折扣。再比如在传统银行中如果要做一笔小额贷款也是非常不方便，要提供各种各样的资料、审批，时效性非常差，提前还款甚至要罚息。但是在微众银行中，你可以直接通过“微粒贷”借款，你能贷款的额度是跟你的微信相关，不需要审批，3 分钟就到账，而且按天计息，随借随还没有罚息。

除此之外日常转账汇款、还房贷、买理财产品、投资黄金也是易如反掌。所以如果你到现在都还不会用互联网银行，真的是有点 OUT 了。

我曾经写了一些理财相关的文章，介绍了不少 P2P 平台，但是不少读者都以为是软文。其实 P2P 理财也是一种互联网理财，相对于传统的银行理财产品也是有自己的优势。但是从读者的反馈来看，的确有不少人担心 P2P 平台的资质，最担心的就是平台跑路。

我后来也仔细想了想，读者的担心也不无道理，毕竟每个人的风险承受能力都不一样，很多人并不是一味追求收益率，而是更看重本金的安全。所以像微众银行这类资质优秀的互联网银行提供的理财产品就可以兼顾收益和本金安全。这也是很适合女性理财的一种方式。

以活期存款为例，传统银行的利率是 0.35%，支付宝中的余额宝是 2.35%，但是微众银行的利率是 2.9%，是传统银行的 8.3 倍，比支付宝也高出近 25%。如果选择短期的（如众安天天利），仅仅是比活期＋ 1 天，基本上不会影响日常消费使用，但是收益就可以达到 3.67%，是传统银行的 10.5 倍。如果再稍微选择长一点时间的，比如 14 天，也就是两周时间，利率又可以进一步提升达到 4%。（注：利率会根据市场变化、活动有波动，具体以当天为准。）

综合比较，如果大家对闲置资金的时效性没有特别高的需求，比如需要用的话大概 3 个工作日到账即可，那么可以买“国华天天盈”这款产品。原因是首先它的利率可以达到 4.05%，

●●●○○ 中国电信 22:27

理财 交易查询

活期+

2.900%
七日年化收益率

活期+，转出实时到账
国金基金众赢货币
随存随取 0.01元起购

精选产品

3.67%
七日年化收益率

活期+1天，收益+++
众安天天利
T+1 1千起购
抢快来买

4.00%
业绩比较基准

可以续存的半个月定期
太平洋增益14
14天 | 灵活增值
抢快来买

5.00%
上期结算利率

稳健理财，投资未来
阳光年年盈
500天 1千起购
抢快来买

总览

理财

投资

转账

比上面的 14 天定期还要高一些，其次跟传统银行的理财产品动不动就要五万元的购买门槛相比，这款产品只需要一千元即可购买。所以它既能照顾资金的灵活性，又能尽可能地提升收益，同时购买门槛低。

所以如果你需要将自己的短期闲置资金进行打理，不妨 10% 放在微众银行的活期上以便于随时取用，20% 放在“众安天天利”中，另外的 70% 都购买“国华天天盈”即可。再配合一张信用卡日常消费使用，基本上可以将自己的闲置资金充分享受高利率，每一块钱都在“钱生钱”，而且也不耽误及时的取用。

除去上述短期闲置资金外，每个月还完信用卡、房贷、必要的支出之外还有额外的资金，不需要短期使用的，那么定投一只指数基金也是不错的选择。这样一来一个微众银行就能帮你管理所有活期、短期、长期的资金，这无疑是既安全又方便。

正如前面所说，微众银行在操作上也很简单，你甚至都不用注册，直接可以用微信账号登录。登录后你就会有一张虚拟的“微众卡”，它也是一张银行卡，我们自己普通银行卡里的钱也可以汇款到这个卡中。你不用这张卡也没关系，也可以绑定一张自己常用的银行卡，将卡中的钱充值到微众银行的活期账户中之后就可以购买基金和各种理财产品了。

微众银行这种互联网银行还可以购买保险、黄金，也可以像普通银行一样可以办理定存，而且利率还高于银行利率，除此之外还可以跟微信上的“微粒贷”关联直接办理信用贷款。

应该说互联网理财会越来越流行，有资质的互联网银行提供的理财产品在利率上会略高于普通银行，门槛上也会降低不少，同时操作便利性上也会更胜一筹。还有个最主要的优势就是也是属于比较稳健的理财方式，同样适合刚开始理财的女同胞。

## 5. 购买保险也是一种理财

很多人并不认为购买保险是一种理财，觉得买保险只是为了求安心，其实这是比较错误的看法，保险也是一种很重要的理财手段，从家庭的角度出发甚至是十分必要的。保险的种类比较多，不买和乱买一气都不是合适的方式。保险投资同样也有方式方法，针对不同的家庭情况也会有不同的投资策略。

这里说的保险主要是指保障疾病的商业医疗保险，在说这个之前我们先谈谈“五险一金”。参加工作的人都知道，如果你的公司正规都会给你购买五险一金，其中的“一金”就是住房公积金，这里暂不做讨论，“五险”则是指养老保险、医疗保险、失业保险、工伤保险和生育保险。不过现在生育保险已经并入了医疗保险，所以实质上是“四险一金”了。

四险一金中失业保险触发的机率非常小，一般情况下很难失业，即便是失业了，做了失业登记可以领到的失业保险金那也是杯水车薪，可能都不够日常生活费。所以失业的首要目标是再就业，而不是想着去领失业保险金，除非真的是完全没有了工作能力，那也是极小概率的事情。

工伤保险触发概率高于失业保险，因为被认定为工伤的情况有很多，比如在工作时间和工作场所受到事故伤害，或者不在工作时间但是为了准备工作和收尾工作受到事故伤害的，甚至上下班途中发生车祸受伤的，还有因为工作原因患上职业病的，因公外出受到伤害的这些统统都算是工伤。如果出现在工作时间和场合突发疾病死亡也算是工伤。不确定的还可以通过司法介入鉴定是否算工伤。这个保险费的支出只要你有正式的工作就会有公司来承担，一旦触发就根据规定申报和报销即可。

四险一金中最重要的两个险种就是养老保险和医疗保险了。养老保险其实是一个比较有争议的险种，因为需要在法定退休年龄前要至少缴纳 15 年（可以不是连续的），退休后再逐月领取。虽然参加工作时缴纳的养老保险是公司和个人都缴纳，但是退休后每月能领取的绝大部分都是你之前自己缴纳的，而且你很多年前缴纳的养老保险不一定能保证你退休后的生活保障，因为那个时候物价可能由于通货膨胀而增长很多。所以要想退休后安享晚年光依靠领取养老保险可能不够，这也是之前为什么提醒大家做基金定投制定长期理财目标的原因，为退休后的生活多加一层保障也是一种长期理财目标。

医疗保险相对来说就是性价比更高的险种了，毕竟人生在世这么多年，面对各种压力，生病住院，甚至是得大病做手术都是很常见的。有医疗保险的情况下，一般的门诊看病、拿药都可以刷社保卡直接抵扣个人账户中的余额，而住院、指定病种的治疗费用也可以报销绝大部分。但是我们要知道这种普通的医疗保险只是应对基本的医疗费有帮助，一旦真的出现大病做手术并不是只有医疗费能解决的，可能就会面临长期误工甚至失业的损失，还有日常看护费用、营养费用等额外支出。一场大病让一个中产阶级一夜回到解放前的事情屡见不鲜。

有的公司还会给员工买人身意外保险或是重大疾病险，这无疑是给了员工多了一层保障。但是这只是福利相对比较好的公司，或者是因为所从事的职业特性的关系（比如经常出差、工作环境差等）。大部分公司并没有义务给员工买商业保险，但是作为员工本人还是应该考虑给自己买，作为医疗保险的补充，这样才能做到真正的后顾无忧。

商业保险中的重疾险还有个好处就是在确诊后就可以报销，而社保中医疗保险则是发生费用之后再报销，这样就能减轻很多家庭缺钱治疗大病的负担。如果真的非常不幸一旦出现身故，商业保险的赔付也可以一定程度上解决被保险人其他家庭成员的生活费用。

商业保险有两种形式，一种是保障型的保险，即按时缴纳保费，一旦出现赔付情况就获得保险费，这种是缴纳的保险费相对低一些，保险额度会高一些，就是类似于花钱买平安，可能你永远也不想享受这个保险费。因为你一旦能获得这个保险费可能就表示你出现了重大疾病，相对于获得保险费还是人身健康更重要。

另一种则是理财型的保险，也是按时缴纳保费，出现赔付情况也可以获得保险费，到达一定时间后还可以全额返还所缴纳的保费并且有一定比例的利息，甚至还有按年的分红，这就相当于既有保险的效果也有理财的功能。当然这种保费上会高一些，保额也会低一些，同时理财的收益率肯定也比不上普通的理财产品。这类保险不一定只是针对重大疾病才会有理赔，有的险种在生一般的病住院都可以按天获得住院津贴。

可以看得出来两种保险各有优劣，需要根据自身或家庭情况来购买。那么如何制定保险购买策略呢？

首先要看一下家庭成员和可支出的投保金额情况。根据不同的家庭组成可能有单身、已婚无子、已婚有子、三代同堂。如果是二胎家庭再加上夫妻双方的父母就有 8 口人了，这种情况如果是给所有人买保险可能是一笔不小的开支。既然是保险，发生理赔肯定有一定的概率，一般也不会很大，即便是理财型的收益率也非常低，所以通常不适合支出超过家庭每个月 10% 的收入。

以单身为例，比如前面说的如果公司已经给你购买了重大疾病险，那么自己就可以考虑购买理财型的保险；如果公司并没有给你购买重大疾病险，你平时的工作环境等也没有什么潜在危险，加上年轻健康也可以不买，只买理财型的保险。如果你的收入尚可，那么两类保险都可以投保，甚至可以购买不同种类的理财型保险以求覆盖更多可能的情况，但是前提也是不宜把过多比例的资金都投入到保险中。因为即便是理财型保险它的收益率还是非常低的，而且往往达不到预期的收益率，因为它要扣除很多费用。

以家庭为例，如果是上面提到的 8 口人这种极端情况真的是要给每个人都购买保险吗？如果夫妻俩都是高收入给自己、老人和孩子都购买保险也未尝不可，但是如果收入一般的情况下购买保险策略就要调整。首先一定要给家里的经济支柱来投足保险。有的人可能觉得为什么不是给老人孩子这种可能出现疾病的家庭成员投保？道理很简单，家里的经济支出是家庭收入的主要来源，如果一旦出现问题生大病、失去工作那么家里就没有了收入，这个时候即使老人和孩子有保险也无济于事。

可以这样说，家里的经济支柱就是其他家庭成员的保障。所以投保的优先级是夫妻中先投保收入高的一方，其次是另一方，然后是父母，最后才是孩子。父母的保险如果买得晚一方面保费会很高，一方面很多疾病已经不在保障范围内了。孩子如果年幼，一旦夭折能获得的理赔金额也非常少，这些都是保险公司的风控措施。

其次要看一下投保的时机，有一点要注意的就是年龄越大投保的金额也会越高，因为出现疾病的概率也会增大。那么对于年轻人来说是不是一参加工作就要给自己买商业保险呢？这个是不一定的，因为刚参加工作还年轻，收入可能也不高，这个时候还是比较健康，此时可以不用过早就开始买，特别是在公司已经给你购买了重大疾病险的情况下。可以到年龄稍大一点，经济上也更宽裕的时候再给自己购买保险，当然也不要太迟，可以在 28 岁至 30 岁的时候开始买。

如何购买保险呢？我们可能经常会接到保险公司业务员打来的电话，给你介绍一通，然后让你在电话里下订单。虽然现在这种方式仍然存在，但是对于我们有时候也会觉得是一种骚扰，因为大部分情况下你不会刚好想要买电话销售员推销的那种保险。

自行购买保险有几个便捷的途径，通过手机就可以完成。首先手机银行 App 中就可以购买保险，以招商银行 App 为例，登录后进入下方“理财”板块，然后选择“产品大全”，在产品大全中就可以看到“保险”一项，进入后就可以选择投保各种类型的保险。

其次不少保险公司本身就有 App，在智能手机的各大应用市场中下载这些 App 注册登录后也可以直接购买各类保险。比如“众安”App。App 提供的服务相对也比较全面，不仅可以购买保险，还可以进行保单的管理、索赔报销等操作。

再次现在很多保险公司在微信中都有服务号，关注后也可以直接在微信中购买保险，并且可以跟自己的保单进行绑定，可以随时查看保单的状态，包括进行索赔报销等操作。

关于保险的知识还有很多，尤其是保险的种类也特别多，虽然保险也可以认为是一种稳健的理财方式，但是也要结合自身的实际情况进行对比和购买，不要盲目投保，否则一旦想停止可能就会损失已经缴纳的保费。

## 6. 做个精明的买房者

很多人将买房作为很重要的一个人生目标，特别对于一些女性来说住在自己的房子中可能会更有安全感，租来的房子始终有这样或那样的不痛快。买房是一项很重要的投资，而且资金投入比较大，尤其是在一些一线或发达的城市，就算只是首付可能也是很多年的积蓄，甚至是东拼西凑筹集来的。因此，如果要确定买房，那么一定要慎重考虑，并且在下手前就要仔细斟酌。

应该说买房也是很大的一门学问，很难几句话说清楚，但是有几个问题却是可以在买房前就需要考虑清楚的。

买房需要考虑的第一个问题是买一手房还是二手房。一手房是指从开发商处直接购买房产，这样相当于自己就是房产的第一任主人，因此叫一手房；二手房则是从其他私人业主那里购买房产，因为当前房产已经有了主人，你再从别人手中买过来所以称为二手房。购买一手房和二手房各有优劣。

购买一手房的优势首先是因为是新房那么购买时一般都可以选择自己期望的楼层，不过楼层越好价格也会越高。其次新房如果是毛坯房可以按照自己的方式进行装修，除非有的新楼盘是精装交付，不过最大的优势还是新。再次购买一手房相关交易成本会低一些，没有中介费、营业税、个人所得税等，但是房价涉及因素比较多，跟地段、是否有学校等相关，所以整体费用上不一定低。

一手房的劣势也很明显，首先是可供选择的新房房源不一定多，甚至是要靠“抢”的，特别是一线和发达城市的地产。其次新房的地理位置不一定理想，在很多相对发达的城市好的地理位置基本上都已经有楼盘了，而新楼盘可能都在位置较为偏远的地方，交通会不方便。再次新房不一定是现房，也即购买了之后不一定马上能交房，甚至要等一两年，再加上装修、散甲醛的时间，在真正入住之前其实要等很久，而等的这段时间你仍然需要按月支付月供。

购买二手房的优势是首先是有相对较多的楼盘可供选择，这样就可以优先选定适合自己位置的楼盘,可以综合考虑交通、周边配套等。其次二手房通常都是已经处于比较成熟的小区，周边各种配套设置也相对完善一些。再次二手房一般不需要重新装修，只要完成了相关交易手续就可以入住，不需要等很久。

但是二手房同样也有很多劣势，首先你看中的小区不一定有你想要的户型或楼层，因为不会像一手房那样可以选择，通常只有有限的房产在出售。其次就是二手房可能比较老旧，或者装修风格不是你喜欢的，这也可能涉及重新装修，因为周边已经有邻居，重新装修必然又会打扰到邻居可能引发纠纷。有个综艺节目叫《梦想改造家》，很多期节目都是因为邻居的关系导致装修过程矛盾不断。再次就是前面所说二手房的交易费率会高很多，有很多诸如中介费、营业税、个人所得税并不是直接体现在房产价值中的，虽然有些费用是应该卖方承担的，但是由于卖房一般都是要实收房款，所以很多额外的税费都被转嫁到买家头上，同时二手房的单价也不见得就比一手房单价便宜。

买房要考虑的第二个问题是购买的类型、户型和面积。是买单身公寓还是小两房？是买三房还是复式？要不要买学位房？这些决定一方面会影响到你的选择范围，一方面会涉及到需要的资金，所以这是一个需要综合考虑的问题。买房如果是自住就要考虑到家庭可能的发展，也许你现在是单身，但是不久可能就要结婚生孩子，或者要跟父母合住，如果买得小了很可能没住多久就发现已经满足不了需求了。当你想卖掉再去买更大的可能会遇到资金不够，甚至不符合限购政策要求等情况。还有你现在可能刚结婚没有生孩子，所以没有考虑房产学位的问题，但是很可能不久就会面临小孩上学的问题。学位房不是你一买到就能使用学位的，有的地方是要求居住一年以上才具备使用学位资格的，这些都意味着你在孩子达到入学年龄前几年就要计算好。

如果是买房投资也要考虑房产的位置、是不是好租、将来是不是容易卖掉。有的地方比较偏，虽然户型较大，可能价格是便宜但是也租不出好价格，涨价空间也有限，说不定还不如市中心的一套小面积的单身公寓。现在一线城市还有很多房价上涨过快的城市都有限购政策，如果只是想投资房产不是自住也要考虑将来一旦自己需要购买自住房产时的政策合规性。通常名下的第一套房产有各种优惠政策，但是第二套则有诸多限制。

买房要考虑的第三个问题是贷款策略。究竟是贷款买还是全款买？贷款是首付几成？要不要公积金贷款？选择等额本息还款还是等额本金还款？这个问题没考虑清楚可能也会给自己带来不小的损失。一般情况下是不建议全款买房的，因为房贷的利率是非常低的，尤其是第一套房产的商业贷款利率通常都有折扣，如果是公积金贷款或是组合贷款（一部分公积金贷款，一部分商业贷款）利率会更低。所以把买房的钱用于其他投资渠道，只要超过房贷利率是更划算的。除非真的是自己家庭收入不稳定，有很大可能出现断供的情况，或者也实在没有什么其他的投资渠道才考虑全款或是高首付贷款买房。

如果是家庭收入稳定，能够偿还每月的房贷，那么还是建议最低首付贷款，能用公积金贷款是最理想，而且是贷款时间越久越好。因为随着通货膨胀，现金的购买力会逐渐下降，现在的房贷十几年后随着物价上涨、工资上涨可能已经不算什么负担了。

至于还款方式是等额本息还是等额本金也需要考虑清楚，等额本息每个月还款额度一样，等额本金则逐月递减，因此等额本金的还款方式前期压力会比较大。但是等额本金整体上支付的利息会少很多，特别是你有几年后计划提前还贷再购买第二套房产的计划时，同时如果没有月供压力可以选择等额本金的方式，这样可以省下更多的利息，否则还是等额本息就好。

作为一个精明的购房者上面提到的三个大问题一定要考虑清楚，当然前提也是你准备好了首付、具备按月还贷的能力，自己或家庭也符合国家购房政策的要求（比如缴纳一定年限的社保），否则还是老老实实地工作吧。

## 7. 巧用住房公积金

住房公积金是指国家机关、国有企业、城镇集体企业、外商投资企业、城镇私营企业及其他城镇企业、事业单位、民办非企业单位、社会团体及其在职职工缴存的长期住房储金。这个定义包含两个意思，一是只要你在正规的企事业单位上班就会缴纳公积金，二是单位和个人都要缴纳，通常都是相同的比例和额度。

按照目前的规定，职工和单位住房公积金的缴存比例均不得低于5%，不得高于12%。比如你的月薪是税前1万元，那么按照规定，每个月公司最少给你缴纳500元，最多给你缴纳1200元的住房公积金，而你个人也要缴纳最少500元，最多1200元的住房公积金。所以其实你每个月有1000元至2400元的“隐藏收入”。

每个月的住房公积金缴纳的额度也不是全部根据月薪来的，有的高收入人群可能工资很高，比如10万元，那也不可能公司和个人每个月要共缴纳1万至2.4万的住房公积金。以深圳为例，缴存基数不得超过本市统计部门提供的2015年度全市在岗职工月平均工资的5倍，即不超过33765元（2015年度全市在岗职工月平均工资6753元 ×5倍）。也即意味着无论你工资多么的高，单位和你个人每个月总共缴纳的公积金不会超过33765元 ×12% ×2=8103.6元。当然各地政策会有些差别。

同样的，最低的缴纳基数也有规定，在深圳 2016 年 7 月 1 日起，最低的缴纳基数是 2030 元。有的公司不正规，为了避税，给员工两张工资卡，其中一张卡是发基本工资，发很少的钱，这样员工不用交个人所得税，企业为员工缴纳的四险一金也非常少，另外一张卡则发约定工资剩余的部分，以其他免税的名目发放。这样做其实是违法的，员工也不要觉得省了个人所得税，好像到手的工资多了，但是其实四险一金也相应减少了很多。

关于住房公积金的缴纳已经介绍了很多，很多人以为不买房子就不能使用住房公积金，任由住房公积金长年累月地待在个人住房公积金账户上。有的人住房公积金的余额可能是很大一笔钱，但是如果在公积金账户上则只能享受一年定期的银行存款利率，这还跑不赢通货膨胀，只能眼睁睁地看着它贬值。

对个人住房公积金最好的使用方式就是账户里的余额越少越好，这才表示你最大化地利用了自己的公积金。

最好的办法自然是首先进行个人住房公积金购房贷款，关于如何使用个人住房公积金贷款以及可贷款的额度各地的政策也同样有区别。通常家庭购买首套房，无论是一手房还是二手房都可以进行公积金贷款。有的地方是需要贷款人缴纳一定时间的个人住房公积金才具备贷款资格，有的地方则是个人公积金账户中有足够的余额才具备贷款资格。这块内容需要咨询当地的住房公积金中心。

要注意的是办理了个人住房公积金贷款并不表示把自己个人公积金账户中的余额用掉了，余额在某些地域只是你可以进行公积金贷款的资格，以及计算你可贷款额度的依据。比如在深圳，单身购房者可公积金贷款的额度是个人账户余额的14倍，并且总额不超过50万，如果在比较久的时间未提取过公积金还可以上浮10%，即55万。所以你的账户中只要留有约3.58万的余额即可，超过这个数额你也只能贷款50万。

办理完个人住房公积金贷款后还可以进行个人购房一次性提取公积金，只要你买了房子在一定的时间内就可以把公积金余额一次性提取出来。这个提取公积金的机会一定不能错过，特别是购买第一套房产的时候。购买第二套房产再提取的话可能就无法全额提取出来。

除了购房一次性提取外，还可以办理按月还款提取。你买了房子只要不是全额付款，不论是公积金贷款还是商业贷款，都可以办理每个月提取公司和个人缴纳的公积金，这样你就可以用这笔钱来还贷款，而减少自己使用工资还贷的压力。

上面提到的公积金用法主要涉及个人购房，假如你自己还没有买房子能提取公积金吗？有些情况下也是可以的。首先就是租房提取，对于很多年轻人来说租房也是一笔不小的开支，所以将每个月缴纳的公积金提取出来也可以负担一部分的房租。这里要注意的是租房提取通常不能提取当月公司和个人缴纳的所有公积金，一般只能提取50%。有的人可能会担心说我每个月都提取这么多公积金，会不会等我要买房时公积金贷款额度会少？这是有可能的，所以你可以计算好，比如账户中留有足够的余额时再提取，或者预估还有多久时间买房，然后计算什么时间可以开始进行租房提取，这样到买房时余额也能达到贷款最高额度。

租房提取除了按月提取外，也可以按年提取，但是我个人还是建议按月提取。这里说的提取并不是每个月去公积金中心办理业务，只要办理一次后每个月公积金中心都会把相应数目的公积金打到你的公积金联名银行卡活期账户中，所以是个一劳永逸的事情。

除此之外还有些不太常见的情形也可以提取公积金，比如建造翻建、大修自住房屋的情况，这一般不包括自己买的商品房装修。还有就是退休、出国定居的情况，可以申请关闭公积金账户然后提取余额。失去劳动能力、享受最低生活保障、遭遇重大疾病的情况也可以申请公积金的提取。如果出现意外死亡，也可以由合法继承人提供相关证明进行提取。

所以我们可以看到，虽说公积金都是自己的钱，但是想随时拿出来用可不是很简单。最理想的方式就是先买房办贷款、然后一次性提取余额、再按月提取还贷，买不了房就租房的时候也要提取。剩下可以提取的情况中除了到退休可以提取外，其余的情况对于大部分人来说都不适用，但是一旦碰到也别忘记自己还有一笔公积金可以使用。

第四章

# 一些非常规的理财方式

良性负债则是对自己有利的负债，这样的负债有的可以抵御通货膨胀，有的可以通过借款投资获得比贷款利率更高的收益率，有的可以使自己的资产更快地增长，还有的属于无偿占有银行资金。

## 1. 信用卡不是洪水猛兽

在我刚参加工作的时候身边就有同事使用信用卡了，但是当时我丝毫没有觉得跟普通的银行卡有什么区别，也是刷卡、输密码、签字，消费的钱还是要还回去，跟直接刷银行卡有什么不同呢？那个时候也没有什么理财的概念，总觉得刷了信用卡还要经常想着什么时间去还款，一旦忘记还款或者钱不够还账单岂不是自己害自己？还不如直接刷银行卡，里面有多少钱就用多少钱，至少不会超出自己的消费能力。

直到有一次公司安排我去海外出差，我一个工作了多年的同事就特别提醒我最好办一张 Visa 信用卡，在海外会比较方便。他说在海外有的酒店需要用信用卡预定，入住时需要用信用卡预授权，而且海外消费比较高，刷信用卡有一定的缓冲期，可以缓解资金压力。玩转信用卡还有很多其他好处，用久了就慢慢知道了。

我带着将信将疑的心情办了人生第一张信用卡，因为那个时候刚好我们公司跟发薪银行有合作，只要带上员工工卡到发薪行就可以直接办理信用卡金卡。于是，考虑到我经常出差，我在银行办理了一张跟携程合作的 Visa 信用卡。当我开始使用信用卡后，的确渐渐地体会到了信用卡的各种好处，这是银行卡无法替代的。

不少银行还专门针对女性用户推出了不同类别的信用卡，比如广发真情信用卡、农行漂亮妈妈信用卡、招行ELLE联名信用卡、民生女人花信用卡、光大嘉人香水信用卡、兴业都市丽人信用卡。这些信用卡有个特点就是首先卡片外观设计上更女性化，功能上也针对女性消费习惯有相应的优惠或活动。

那么，信用卡究竟有哪些好处和使用上的技巧或注意事项呢？

首先，信用卡购物可以享受免息期，这是刷信用卡消费和刷银行卡消费的不同。一些商户还会跟一些银行的信用卡有合作，比如大宗家电、电子产品甚至是汽车，可以免手续费和利息分期付款（比如用信用卡12期分期购买Apple的产品）。平时尽量不要进行信用卡账单分期，因为需要支付手续费或利息，如果你购买的商品恰巧可以办理免手续费或利息的分期付款，那么就可以毫不犹豫地办理，这样可以享受更长的免息期，把现金用于购买其他理财产品。一些银行的信用卡网站或是App上会有信用卡商城，里面的商品一般也可以免手续费分期购买。

如果你是一家之主，自己的信用卡额度比较高，平时并不会出现额度不够的情况，那么可以办理附属卡。附属卡和主信用卡共享额度，也可以在主信用卡额度内给附属卡单独设置额度。家中如果有子女，或是父母需要用卡，也可以将附属卡设置额度后给他们用，然后到还款日由你统一关联还款。

其次，信用卡的消费一般都会产生积分，但不是所有的商品都会有积分，在实体商户刷 POS 机通常都有，但是买房时用于交定金、首付的钱是不算积分的，买车也不算。还有大部分信用卡网上购物基本上也不算积分，除非是一些特殊的卡片，比如平安银行的淘宝信用卡，这种卡在淘宝上购买东西也会有积分。各家银行的积分规则都不同，有的刷 1 元攒 1 分，有的刷 20 元才攒 1 分。

积分的含金量也不同，有的几万积分才换个几个块钱的东西。积分的有效期也会不同，有的银行信用卡积分会在一定时间内清零，有的则永久保留。信用卡的积分最常用的就是兑换礼品、话费、抽奖等，有的信用卡积分可以兑换航空里程然后换机票，还有的积分可以用于参加文体活动，购买物品等。在前面说的信用卡商城里还可以积分＋现金的形式换购商品。更有一些商户诸如麦当劳、DQ、星巴克，还可以消费一定的信用卡积分直接换套餐或饮品。各家信用卡为了吸引用户，都会有各种积分规则和活动，具体可查询对应信用卡的网站说明。一些临时的活动也可能会有短信提醒。

再次，通过跟支付宝、微信钱包绑定，信用卡也可以进行生活类的缴费，诸如水电气、话费、购买车票等。我们有时会电话预定机票，也可以通过电话进行信用卡支付。这里再教大家一个小技巧，如果你是租房子，可以让房东在微店卖家版App销售一个虚拟商品，标上房租的价格，然后把商品链接通过微信发给你，这样你就可以用信用卡支付房租了。押金也可以通过这种方式支付。不知道这算不算合法，在我看来和支付酒店费用是相同的，至少你和房东的交易并不是虚假的，这样可以让你的资金得到周转或是解决燃眉之急。

信用卡跟微信绑定后就可以随时知道消费动态，信用卡关联的微信公共号也会及时通知优惠活动。信用卡的微信公共号中也会有很多信用卡信息的查询、办卡、开卡等操作，也是非常方便。

还有一些信用卡在境外消费可能有各种活动，比如招行信用卡经常有非常美国、非常欧洲、非常香港等活动，会有5%的返现活动。在国外的机场或是Outlets可以领取优惠券，购买商品可以获得额外折扣和抵现。

最后，信用卡除了种类多，有不同特点，同时也会有等级之分。如普通卡、金卡、白金卡、钻石卡、黑金卡等。等级越高，通常额度也越高，享受的待遇也越高，但是年费也可能越高。例如白金卡可以进入机场贵宾休息室，可以免费打高尔夫，可以有免费年度体检等，各个行的优惠和活动会不一样，具体以信用卡

良性负债则是对自己有利的负债，这样的负债有的可以抵御通货膨胀，有的可以通过借款投资获得比贷款利率更高的收益率，有的可以使自己的资产更快地增长，还有的属于无偿占有银行资金。

对应银行公布的信息为准。信用卡的等级并不是在申请时随意申请的，普通卡和金卡相对容易办，一般白金卡就需要一定的资产，或是在金卡的基础上由银行邀请办理。等级更高的，对申请者的要求就越高。这里也需要提一下年费，通常信用卡都有年费，根据卡片等级的不同，年费也会不同。不同的卡片也会有减免年费的手段，有的信用卡只要跟银行卡关联还款就可以免年费，有的一年刷6次就可以免年费，有的需要刷到一定的额度可以免年费，有的可以用积分支付年费，有的可以首年免年费，当年刷够一定额度免次年年费，还有的是银行理财资产达到一定数目免年费。如果你不是很有钱，这些很轻易就能避免的费用要想办法避免，银行搞这些花样也就是给你机会免年费。

信用卡的额度同样可以变成现金，你可以像用银行卡那样到ATM上取款，取款的最大金额通常是额度的一半。这种情况仅在临时需要钱急用才这样做，比如在海外需要急用外币现金的时候。因为取现要支付一定比例的手续费，然后还要按天支付万分之五的利息，其实非常不划算。因此，真的临时需要现金用信用卡取现了一定要尽快还掉。还有一种跟取现类似的用法，那就是通过信用卡App来预借现金，这也是适用于需要急用现金的情况。与直接取现不同的是，预借现金是可以在手机上操作，从信用卡中预借的现金会被转到关联的银行卡上。预借现金没有取现手续费，但是需要分期偿还，偿还期数可以自己设定，期数越长每期的手续费率越低。有点像账单分期还款，但是相同期数的手续费率比账单分期稍高，其实就是相当于利用信用卡从银行那里获得了一笔贷款，然后跟信用卡每个还款日偿还每个月的还款和手续费。单从利率的角度来说，和账单分期一样也是银行给你的高利贷，一般也不建议。

其实，信用卡并非洪水猛兽，很多人觉得有信用卡就会乱消费，这其实是自己消费观不端正，并不是信用卡的过错。真正懂理财的人，职场精英，哪个是不用信用卡的呢？它是一个很好的理财工具，不论你处于人生哪个阶段，不论你经济水平如何，也不论你生活习惯如何，你总是能找到一款适合自己的信用卡。全世界的人都在用，你为什么不敢用？

## 2. 别总想着提前还贷

我们经常看到一些理财的文章，一个主旨的思想就是“减少负债、增加资产、追求复利”，如果是从几十年这样一个非常长的时间段来看，这样的理财思想并没有大的问题。可是人的一生就这几十年，但是每个阶段的收入支出类型、额度都不一样，风险承受能力也不一样，过于笼统的理财思想不见得适合每一个阶段。

对于一个步入晚年的退休老人来说，再去把时间当朋友追求复利可能不适合，同样的，还在想着怎么更快速地增加资产也不适合。因为快速增加资产也意味着承受更大的风险，而增加的资产可能也轮不到自己消费享受。所以上面提到的理财思想对这个人群就没有很大的指导意义。

那么对于一个年轻的职场女性呢？是不是也要一味减少负债，追求无债一身轻呢？关于这一点，我们要来仔细分析一下负债。我觉得负债有三类：第一类是恶性负债，第二类是良性负债，第三类是中性负债。

恶性负债相对比较好理解，主要是指那些利率较高，超过自己还款能力的欠款。利率的高低可以以国家基准的贷款利率来衡量，一般情况下超过国家基准利率的20%—30%都算是较为正常的，但是超过50%就属于相对比较高了。同时要特别注意的是如果年化利率超过24%，那么就是不再受国家法律保护的借贷利率，就是属于高利贷。所以根据自己的还款能力，以及贷款的利率可以大致判断一项负债是不是属于自己的恶性负债。因为每个人的经济情况并不相同，贷款用途也会不一样，有人贷款是为了做生意赚更多的钱，有人贷款是为了治病救人急用，那么在恶性负债上的判断也不会完全一致。但是只要是自己的恶性负债，那么一定要想办法尽早偿还，否则可能变成是一个无底洞，让自己长时间被高利率的负债缠身。

良性负债则是对自己有利的负债，这样的负债有的可以抵御通货膨胀，有的可以通过借款投资获得比贷款利率更高的收益率，有的可以使自己的资产更快地增长，还有的属于无偿占有银行资金。当然良性负债的前提是自己有足够的偿还能力，并且随着时间的推移会形成负债减少、资产增多的趋势。

比如有些人选择了贷款买房，可能是商业银行贷款，也可能是公积金贷款，或者是银行贷款和公积金的组合贷。无论哪一种情况，就目前的房贷利率来看，都是非常低的贷款利率。作为职场人，自然属于有稳定的工资收入，而且随着工作经验的丰富，职业生涯的发展，待遇方面基本可以预期会逐年提升，那么这种情况就不要担心自己“房奴”的身份。房贷对于你就是很好的良性负债，完全没有必要提前还贷，只要每个月有足够的还款能力，贷款的策略应该是尽可能地多贷，贷更久的时间。房贷不仅可以帮你抵御通货膨胀，对你自己的职场提升也有一定督促作用，有房贷在身自然不会想着工作中偷懒停滞不前，或是冲动做一些不理智的决定。

比如现在你一个月有 2 万元的工资，其中 1 万元用来还房贷，好像觉得占的比例高，影响了生活，但是你可以想想过了几年后你的月薪已经达到 5 万，你仍然只需要还 1 万元，再后来可能达到 10 万元，你还是只要还 1 万元。而那个时候的 1 万元购买力可能只相当于3000元了。30年前的万元户非常了不起，因为那个时候的1万元相当于现在的255万元！这就是通货膨胀造成的，你现在看着貌似贷了不少钱，要还很多利息，但是十几年持续的通货膨胀会让这些负债变轻很多。

房贷除了上述的好处之外，还可以使你使用较少的资金获得更多的资产。一般情况下买首套住宅只需要两至三成的首付，虽然说要办理抵押贷款，但是相当于用20%—30%的钱买到了一个固定资产，而这个固定资产不仅你自己可以使用从而省下租房的费用，也可以租给他人获得租金，还可以享受整套房产的升值。甚至可以在房产升值后再重新估值办理抵押，又可以贷出一笔钱来。

有的人贷款是有更好的投资渠道，投资获得的年化收益超过贷款的利率，那么这样的负债也是一种良性负债，因为这相当于借钱生钱。比如你的房子要装修，可能你已经凑够了几十万的装修款,但是不代表你就一定要直接将这笔钱用于装修，只要你有更好的投资渠道，就可以申请一笔消费贷款或者上面说的房产抵押贷款。然后用贷款的钱去装修，再逐渐偿还，而自己原来的现金可以用于去投资理财获得高于贷款利率的收益。

良性负债中还有一种就是使用信用卡产生的欠款。日常生活消费使用信用卡，而不是直接用现金或刷银行卡，这就是无偿占用银行的资金。这种无偿占用银行资金虽然额度可能不大，但是时间可以长达50天。所以如果遇到购买家电、家居、出国旅游等情况，即便自己有足够的资金，也应该优先使用信用卡，这些欠款都是良性负债，你自己并没有什么损失。有时信用卡有0利率0手续费的分期消费，这种情况产生的负债也是良性负债，这相当于你更长时间地无偿占有银行的资金。当然，无偿占用的资金也要在规定的时间内偿还。

除了恶性负债和良性负债之外，还有一种中性负债，这类负债不能简单地判断性质，有时候可能会演化成恶性负债，有时候也可能变成良性负债，存在不确定性。比如上面提到的信用卡欠款，如果你能正常还款，那么是良性负债，但是一旦你某个月的账单额度很高，你一时还不了，这个时候选择了账单分期，那么你就要为几期的账单支付手续费，产生了额外的费用。账单分期的手续费，你不要看似少，但是随着你每个月还款，即便剩余的欠款越来越少，你每个月仍然要支付相同的手续费。在前面的“小心理财陷阱”文章中已有相关介绍。

所以一般情况下尽量不要选择分期，尤其是账单金额比较大的时候，因为这毕竟是一种利息很高的借贷。我并没有把账单分期算作恶性负债，主要是因为一方面这笔占用银行的资金通常不会特别大，分期后每月的偿还并不会给自己造成很大的影响，另一方面适当分期给银行赚点钱也有助于提升信用卡额度，也可以解自己的燃眉之急，更长时间地占用银行资金。信用卡分期时常还会有手续费折扣、送积分、送礼品等活动，如果这个时候分期也可以降低手续费的损失。有一点要特别注意，那就是一旦选择了分期就没有必要提前偿还了，因为即便提前偿还该付的手续费仍然要支付。

与信用卡分期类似的还有信用卡预借现金、微信里的微粒贷等一些免审核的信用贷款，通常放款快，额度不高，但是利率较高（通常日利率 0.04% 以上）。这些贷款算不上恶性负债，有需要就用，有钱就及时偿还。当然如果你能用这些贷款去获得更高的投资收益也未尝不可。

还有一种负债，属于找亲朋好友的借款，这样的贷款可能很少利息，甚至不收利息，但是这却是要透支人脉，欠人情，所以也不能简单算成是良性负债或是恶性负债，只能算是中性负债，那么这种负债也是应当要尽早偿还。

了解了三种不同的负债，我们可以看到，恶性负债自然要少背负，最好不要背负，有这样的负债要及时偿还，从而减少损失。对于中性负债也不宜过多，需要根据自己的情况，除非是自己的确需要去背负的，同时自己也有足够的偿还能力才去考虑。

作为一个收入稳定的职场人，背负一定的良性负债并没有什么坏处，反而可以看成是一种很好的理财，所以不用一味急于去偿还这些贷款。比如你过年发了一笔可观的年终奖，完全没有必要急着去提前偿还房贷，而应该考虑拿这笔钱去做更好的投资理财。对于良性负债，只要有足够的偿还能力，甚至可以尝试多贷、贷更久，这样才是对自己更有利的做法。

## 3. 积分大作战

我们日常消费会在各种途径产生不同的积分，如果能建立一整套自己的积分系统你会发现这些积分也是一笔可观的财富，还会给自己或家人的出行带来便利。作为一名“财女”自然也不能放过这个理财技巧。

有部电影叫《在云端》，乔治·克鲁尼主演，他扮演的主人翁瑞恩就是一名“空中飞人”。瑞恩因为工作的关系需要常年出差，频繁地坐飞机到各个不同的城市。他有个习惯就是积攒航空里程，不仅坐飞机可以积攒里程，在酒店的住宿费、餐费也可以积攒里程。因为出差次数太多，不停地坐飞机、住酒店，于是积攒了大量的积分，航空里程卡也升到了黑卡级别。

他不仅可以用这些积分兑换餐饮和其他消费，还可以换机票为自己私人出行，甚至还为他的亲戚兑换了环球旅行的机票。

或许电影中的人物生活有夸张的成分，但是这也给我们提了一个醒，那就是看似微不足道的积分也可以聚沙成塔。

一般比较大的城市都会有自己的航空公司，如果你也是一名经常出差的职场女性，你可以办一张该航空公司的会员卡，如果没有就办国航、南航这样大航空公司的会员卡。一旦有出差，去程和返程就可以预定会员卡对应航空公司的航班，因为是你自己城市的航空公司，一般都会有出差地对应的航班。或者是预定国航、南航这样大的航空公司，基本上到其他城市都会有比较多的航班，一般都能满足出行需求。

国外旅游时如果你能预定到国内的航空公司，那么可以积攒大量的里程，比如国航就有不少航班飞往其他国家，但是有时候飞国外可能要预定香港或是对应国家航空公司的航班，这个虽然不能积攒你国内航空会员卡的里程，你也可以在线注册对应航空公司的会员卡，得到的积分可以换礼品，有的是跟国内航空公司合作的，也可以转换成国内航空公司的里程。如果你是一个频繁飞海外的商务人士，那么一定要注意积攒里程，以后自己出国旅游同样能兑换免费机票。

将出行航班集中到一家航空公司的好处是你可以积攒飞行次数和里程。可不要小瞧航空里程，达到一定数量你的会员卡就会升级，如果升级成金卡（各航空公司可能有差异）你就可以每次候机时进入贵宾厅候机，在飞机上也会有免费升舱的机会（如经济舱升至商务舱），下飞机如果是需要坐摆渡车就可以坐 VIP 的小车，除此之外每次坐飞机可以 1.5 倍地积攒里程。积攒的里程最大的作用就是可以兑换免费的机票，当你节假日需要回家，或者你的家人需要坐飞机的时候，你就可以用这些里程来兑换机票。

如果不是经常坐飞机，哪怕只是逢年过节或是旅行的时候才坐也不妨办一张航空公司的会员卡，因为不少航空公司的里程积分有效期还是比较长的，而且是只要你在一定时间内有新增里程，以前的里程就不会失效。一张机票少说也值几百元，用积攒的里程去兑换几乎没有什么成本。不仅自己可以办卡，也要提醒自己的经常出行的家人办一张。

关于兑换机票还有一个小技巧，那就是你的积分可能差一点才能兑换一张机票，那么你可以选择用钱买一定数量的积分然后再去兑换机票，这样会比直接买机票更划算。当然，免费兑换的机票一般需要提前，所以你积攒了大量里程又有出行计划，那么就可以尽量提前安排兑换免费机票。

不论是经常出差或是旅游，住宿的酒店可以尽量选同一个集团旗下的酒店，道理也很简单，也是为了积分。和航空会员卡类似，有的酒店会员卡也会随着积分的增多而升级，升级后的会员卡也有延迟退房、房价折扣、享受更多其他酒店服务的待遇，这对公司和自己都有好处。而酒店积分则可以兑换免房、礼品，还可以折算成航空里程。

不论国内出差还是海外旅游，所有的消费都建议使用信用卡，这不仅包括在出差城市的吃喝、购物，最主要的是预定机票、支付酒店房费等都刷信用卡。特别是在海外，通常预定酒店就需要使用信用卡，到酒店也是刷信用卡的预授权，有一张银联+Visa或Master的信用卡是非常有必要的。

有的信用卡跟酒店可能有合作，比如住三晚赠一晚，或者房费折扣。还有信用卡在海外消费有返现，或者到特定的Outlets购物可以领优惠券。（如招商银行经常搞的“非常亚洲”、“非常欧洲”、“非常美国”的活动。）因为国内的信用卡在海外使用时可能会涉及一定的汇率转换费，这个时候建议用类似招商银行的Visa或Master的全币信用卡来支付，这样可以避免汇率转换损失。

刷信用卡的好处就是同样可以攒积分，或许平时并没有机会刷机票、住酒店、海外消费，所以利用旅游机会可以充分刷。尤其是在海外消费，获得的积分会更高。多刷信用卡不仅可以提升信用卡的等级，比如升到白金卡就会有更多的福利，还可以提升额度。获得的积分同样可以折算成里程或者兑换礼品。

所以，总结一下就是要建立起自己的航空里程积分系统，尤其是要充分利用每一次出行。首先尽量坐同一家航空公司的航班积攒飞行里程，其次尽量住同一家旗下的酒店积攒酒店积分并折算成航空里程，最后办理一张跟航空公司关联的信用卡进行各种消费并将信用卡积分再换算成里程。通过各种途径获得的里程都积攒起来用于兑换自己私人或家庭成员的免费机票。

从我的个人经验来看，将积分兑换成免费机票或者酒店免费房间是最划算的，这样是把积分的价值最大化，比兑换一些零零碎碎的小礼品或是餐饮更有意义。不要觉得这是小打小闹，理财经验值就是这样提升的。

## 4. 花钱买时间

我刚参加工作的时候给还在老家的父母买过一台全自动的滚筒洗衣机，有一年过年期间我回老家的时候发现母亲在大冬天的时候还在自己用手洗衣服。我问她为什么不用洗衣机，母亲说洗衣机洗小件的衣服浪费水，她平时只用洗衣机来洗被罩床单这种大件的衣物。在母亲看来她节省了几升水，但是我却心疼她的手还有那些本来可以轻松看看电视喝喝茶的时间。

母亲对我平时花钱找钟点工到家里打扫卫生也颇有微词，觉得明明可以自己动手做的事情为什么要经常花费几十元雇个人来做？母亲是个非常勤快的家庭妇女，她小时候经历过很多艰苦的日子，所以在她的观念里自己动手丰衣足食、勤俭节约是最正确的事。当然这样的思想并没有错，但是如果把花钱买时间的理论跟母亲那一辈人解释可能也难行得通。

比如父母来我所在城市的时候我会给他们买飞机票，但是他们会觉得坐火车更划算，因为他们有的是时间，没有必要赶这十几个小时。或许对于他们来说帮子女节省钱是最重要的，即便要坐很久的火车也无所谓。可是对于时间宝贵的职场人来说你是会选择时间换金钱，还是金钱换时间？

我曾经在一个二手网站上卖过一个物品，当时有个本地人拍了下来，他为了省邮费选择上门取货。物品本身就值不了多少钱，而本地快递只不过要 8 元钱，我也承诺有问题可以随时到付邮费退货给我，可是他居然还是在下班后转了两趟车，花费了一个多小时来到我家取走了物品，然后又再一次坐公交回到了自己的住处。这一来一回就花去了接近 3 个小时，而且除去公交车的钱也就省下了 3 元钱。

我有一个创业的朋友，他跟我说得最多的一句话就是“一定要花钱买时间”，能花钱买的就不要自己做，能外包给别人就不要自己花时间，能招聘到牛人的就不要自己慢慢培养。虽然在短期来看有点“烧钱”，但是市场瞬息万变，一旦落后于他人，一旦失去机会就会失败，造成的损失会更多。

有的公司雇佣的高管不仅会给予很高的薪酬，还会给他配车配司机，原因就是公司聘请的这个人才实质上就是买了他的时间，既然是买了他的时间自然更需要他把时间用在产生高价值的工作上。他多工作一小时产生的价值会比公司专车司机一小时的工资高出很多倍，换言之他自己开车一小时其实是公司损失了大量的价值。

说了这些例子无非就是想表达一个观点，那就是很多人对时间的认识会很不一样，有的人闲暇时间多，情愿花时间省下钱，而有的人则舍得花很多的钱来省下时间。那么，如何从理财的观点来看呢？

时间是一种不可再生的资源，这个不用多说，你选择打扫卫生就不能享受阅读休闲的时光，你选择开车就不能移动办公。这个时候如何选择就要看你的单位时间价值了，如果你是一名职场女性，有着不错的月收入，但是平时工作比较繁忙，好不容易周末有休息娱乐或是学习充电的时间，你是愿意把时间花在休息或学习上还是打扫卫生上？我想不同的人会有不同的选择，这也折射出自己对花钱买时间一事的看法。

其实时间管理也是一种广义上的理财行为，对时间的有效管理可以增加时间的“密度”，产生更高的单位价值。这里说的单位价值并不是一定指产生了多少的经济价值，你的身心得到放松，心情变得愉快，知识得到增长也是有意义的。如果你觉得打扫卫生可以让自己心情愉快，比休息更有意义，那么自然不必雇佣钟点工，如果你自己根本不想大扫除，自己一小时的收入远超过钟点工一小时的费用，那么为什么不花钱买时间呢？

花钱买时间的思想一开始可能不会容易被接受，这对有的人来说是一种打破常规，但是随着你的收入增长，慢慢分清楚哪些事情对你更有意义，你就应该选择把时间花在对自己更有意义的事情上。当两件事在时间上有冲突的时候，你可以果断地花钱雇佣别人给自己做价值低的事情，而自己选择做高价值的事情，那么你离成功就不远了。

## 5. 别学大妈买黄金

我们经常看到这样的新闻那就是中国大妈香港扫金出手大方、金价下跌中国大妈被套牢，但不是说黄金可以保值吗？究竟要不要投资黄金呢？作为一个精明的财女应该如何投资黄金呢？

我们先来分析一下黄金这个理财产品的特点。其实中国大妈到香港金饰店买的项链、戒指、手镯等黄金统统属于饰品，只不过这些饰品都是黄金做成的，因此它本身就具有佩戴的功能，它更接近于商品的特性，只不过不像你购买了一个手机、一台电视那样买回来就贬值，的确存在一定的保值功能。但是如果从投资理财的角度来看却不一定是最理想的做法。

首先购买的这些黄金首饰花费的价格并不是仅仅由首饰的重量决定的，它还包含黄金首饰的设计费、加工费，还有首饰所属品牌的价值。香港金饰店的房租、水电、人工都不要钱了吗？这些自然也体现到了饰品的价格中，并不是单纯的黄金价值。

其次当大妈们买回这些首饰后，随着长期的佩戴也会产生一定的损耗、折旧，可能还涉及一定保养、清洗的费用，而且饰品本身也不能像存款一样可以“生息”。尽管可以在黄金价格上涨后去售卖也不一定能按照市场价格，你还要为此支付鉴定费、折旧费、手续费。在当初购买首饰额外支付的设计费、加工费、品牌溢价等费用自然也不会包含在里面。如果是专程去香港购买，那么行程花费自然也要算在内。

再次虽然黄金首饰可以进行交易或是二次售卖，但是具有回收的资格的银行网点、典当行少之又少，因此它的流通性并不方便，一旦你急需用钱很难及时将黄金变现。如果在一些不正规的地点进行交易还可能出现“缺斤少两”的情况。

最后黄金本身的保值特性也有一定的争议。从1980年到2000年，黄金有20年几乎没怎么涨过，经历了非常漫长的熊市，一直到本世纪初才开始进入牛市。但是我们要知道这么多年通货膨胀也是很厉害的，举个例子，如果20年前你把10万元买黄金的钱都用来在一线城市投资房产，20年后你可能早就成了亿万富翁了，但是因为黄金的保值属性你当初花10万购买的黄金，20年后可能还是差不多的价值，但是20年前的10万元可是比20年后的10万元购买力大非常多。

这样一看，你还觉得像中国大妈那样疯狂扫金是明智之举吗？至少买这些黄金首饰从理财的角度不是特别具备优势。

当然黄金这种贵重金属的投资也不是完全没有意义。

首先黄金是一种避险资产，如果真的出现金融危机、战争动荡这种情况黄金依然能保证自己的购买力。就像之前亚洲金融危机的时候，韩国的很多国民就把自己的金银首饰捐给国家来帮助政府渡过难关。还有刚发生不久的一个事件，印度出台了一个政策，为了解决贪污问题居然直接作废500和1000面值的纸币！如果你手上持有的是黄金可能就不必有这样的担心了。虽然这类事情在我们国家发生的机率还比较小。

其次黄金是一种通用的资产，是全球通行的货币和储备，虽然前面说了不能及时变现，但是一旦你想变现，原则上你到任何国家都可以兑换成钱币。这样看似乎在流动性上也是有优势的。

最后黄金也可以看成是商品，虽然前面说的在是否保值上有争议，但是这并不妨碍你长期持有。跟你手头上持有的股票、P2P 等资产相比，黄金可能更为稳健。但是金价的波动也很大，不代表你就一定不损失本金，只是相对而言。

投资黄金也是有技巧，香港扫金的中国大妈看中的主要是港币相对于人名币的汇率，感觉打了折扣，但是黄金的涨跌跟不少因素有关。首先跟黄金涨跌最相关的是美元的走势，黄金和美元是相反的走势，即美元升值时黄金价格会下跌，反之上涨。其次黄金会跟一些政治局势，比如美国大选、战争相关。除了这些还会跟每年黄金的开采量、冶金技术等相关。作为一个普通女性，你觉得自己能掌握这些信息吗？很多女性很显然不关心金价波动的这些原因，也没有什么兴趣去研究，所以即使是投资黄金也是听天由命。

如果真的要投资黄金，投入的资金肯定不适合占自己或家庭投资额很大的比例，而且投资方式也不建议像中国大妈那样去香港或国外买黄金首饰，因为那样成本太高，而且有很多额外的支出。有一些投资黄金的方式可以考虑。

首先银行 App 中就可以直接购买黄金收藏品，比如黄金的纪念币、工艺品、雕像等，但是这个也是要额外支付工艺费。只是这些收藏品不像饰品长期佩戴会损耗，并且一般都是限量发售的，除了黄金重量价值还包含收藏价值，而且有相关证书、价值说明等，也便于以后出售。

银行 App 中还可以购买“金生金”的黄金，可以不断的投资购买，也可以像存款一样生息，这样只要达到一定的重量就可以兑换成金条实物。但是要注意的是金条也是需要加工的，所以也要额外支付金条的制作费用。

还有一种投资黄金的方式叫购买“纸黄金”，顾名思义就是不涉及实体黄金。在银行 App 中也可以购买，这个就有点像买股票了，可以低价买入等金价上涨后再卖掉，但是也不排除金价下跌损失本金的风险。

微众银行 App 中也提供了“微众金”这种投资黄金的方式，是一种实物黄金积存产品，不仅支持实物黄金的提取，也可以“金生金”。“微众金”的购买方式也比较灵活，可以立即买入、挂单买入、定投买入。

立即买入很好理解，就是按照当前实时买入价立即买入成交；挂单买入是设定目标价格，在有效期内若实时买入价达到目标价格则自动买入成交；定投买入就有点像基金定投，按周或按月的频率定期自动买入固定金额或克数的黄金。

可以看出“微众金”这种互联网银行推出的黄金理财产品在购买方式上更为灵活高效，而且价格透明，无任何手续费，同样的，卖出也是非常方便。可以立即卖出也可以挂单卖出，立即卖出和立即买入类似，就是按照当前实时卖出价格立即卖出成交；而挂单卖出就是设定目标价格，在有效期内若实时卖出价达到目标价格则自动卖出成交。

所以，经过对比分析我们可以看出，中国大妈香港扫金除了要额外支出很多成本外，也要承担黄金价格下跌的风险，日常损耗等，如果要售卖又会为此支付除了黄金重量以外其他的费用，很显然不是很好的理财方式。真正的黄金投资首先要保证购买、售出的便捷性，尤其是短线操作的黄金投资，其次除了黄金本身的价格升值，还要考虑黄金生息以及额外的收藏价值。这样才能从黄金投资中获取更大的收益。

## 6. P2P 投资策略

什么是 P2P 理财？ P2P 是 Peer to Peer 的简写，Peer 的英文意思是地位、能力上的同等者，比如职级差不多的同事、同行、伙伴等。因此P2P可以理解为“伙伴对伙伴”，或称为对等联网。P2P直接将人们联系起来，让人们通过互联网直接交互。P2P理财则是一种全新的网络借贷模式：将线上线下有效结合起来，通过P2P平台将钱借给需要的人。P2P平台主要完成信息配对，为投融资双方牵线搭桥。

P2P借贷指个人通过P2P公司这个第三方平台将钱借给其他个人或小微企业的新型金融模式，让那些无法在传统金融机构获得贷款的个人或小微企业能够借到所需资金。所以P2P平台可以看成是收集社会上个人的闲散资金再贷款给企业或个人。

那为什么P2P平台上的收益会远高于银行理财呢？至少有两个原因，首先是正如前面所解释的P2P概念那样，P2P平台直接将资金给到需要贷款的人，没有像银行那样各种复杂手续，层层盘剥。可能P2P平台给需要用资金的企业贷款利率和银行给这些企业的贷款利率是差不多的，但是因为P2P平台的效率更高，扣除平台本身的经营费用，就可以把更多的差价收益给到各个闲散的投资人。其次如果P2P平台的收益率没有吸引力，那么社会上这些闲散的投资人自然没有意愿投资，因为要额外承担很多风险。

我们可以看到正规的P2P平台其实是起到一个中介的作用，它发布的企业贷款需求是真实存在的，并且这些需要贷款的企业也是有相关抵押和还款能力，如果能合理控制风险加上投资人的资金监管，那么还是有保障的。很多跑路的平台本身就不是正规的平台，放出来的标都是虚假的，完全就是欺骗投资人的钱；或者对贷款方并没有进行严格的资质审查，最后导致坏账过多，进而无力偿还投资人的本金和利息。

如果你要问有没有绝对不会跑路的P2P平台，我可能很难回答。那么有只涨不跌的基金吗？有只涨不跌的股票吗？有一直升值的黄金吗？有一直上涨的房价吗？至少这个我可以很肯定地回答，没有。所以理财无非就是从收益率、灵活度和风险性三项上做平衡，你必须牺牲其中至少一项来获得其他项的优势。

比如银行定存就是牺牲了收益率和资金灵活度，但是保证了风险极低；买股票就是承担损失大量本金的风险，但是追求收益率和资金灵活度；投资房产则是牺牲资金灵活度，去追求收益率和降低风险。P2P因为平台存在一定的风险，所以对于投资人来说是要承担这个风险，但是可以追求收益率和灵活度。

P2P的平台很多，每个平台上又会分活期、短期、中期、长期的标，收益率也是随着投资期限的增长而越高。活期的P2P通常是指可以随时存入，随时提现并且在一个工作日内就可以到账的项目。活期P2P项目的年化收益率一般在5.5%—6.5%，有的平台为了避免发生大量活期提现，会对每个人的活期投资额度有限制，比如是10万以内，或者需要在每天特定的时间购买和提现。有的平台提现速度非常快，可以半小时内就到账甚至更快，所以这样的活期P2P也是余额宝、微信钱包这种货币基金的良好替代品。

短期P2P一般是指一个月至三个月的项目，一旦投资后就不能像活期P2P那样随时提现，必须等到投资期限到期后才可以提现。一般短期P2P的收益率在8%—10%，可以看到这个收益率是远高于银行理财产品的。中期P2P一般是半年的项目，收益率在10%—12%，而长期的是一年、十八个月或两年的项目，收益率可以达到12%—15%。（注：相同期限的项目在不同P2P平台收益率会不同，甚至差异比较大，而且整体的收益率也会随着市场行情有波动，这里提供的只是参考，具体以对应平台当天公布的利率为准。）

所以为了有效平衡风险P2P的投资策略肯定不适宜把所有资金都投到某一个平台某一个项目上，应该在考虑收益率的基础上再兼顾资金流动性。考虑到不确定性，一般不建议投资超过一年的项目，两年的时间太长，会有很多不确定因素，加上自己可能需要用资金，会给自己带来不便。对于近期不会用的资金可以循环投资半年期的项目，比如你如果有10万元的资金，可以分别在两个平台各投5万元的半年期，等到半年到期后可以连本带利继续投半年期的项目。

一至三个月的项目则可以根据自己或家庭的情况来投，也是可以找两个平台，一个平台投资一个月的项目，一个平台投资三个月的项目，到期后如果没有需要使用就继续连本带利循环投。活期的只要找一个平台放入当月用于还房贷、交房租、还信用卡等需要近期就使用的资金即可，还有少量的闲置资金，也不知道会不会用的，同样可以放入活期 P2P 账户中。

按照这样的 P2P 投资策略，平时的活期资金可以随时提取，每个月也有一笔资金到账，每个季度、每半年也有资金到账，基本上可以满足日常的资金需求并追求了收益的最大化，同时因为分散投资也降低了孤注一掷的风险。

选择 P2P 的平台很重要，千万不要贸然被一些新平台的活动吸引就投入大量的资金，作为一个理财经验不丰富的女性在投资 P2P 时也是要以稳健为先。一些资格老、平台大、银行背景、资金托管、坏账率低的平台相对更安全，虽然项目收益率上比不上一些小平台，但是胜在稳。比如陆金所这样的平台。PPMoney 也不错，是更具互联网思维的平台，可以组队理财。活期的平台中简理财、51 人品、真融宝几个平台都是不错的选择。

还是那句话，风险和收益是成正比的，你不能祈求一个理财产品收益超高、风险极低并且可以随时提现。这就如同你不能期望自己的工作是钱多、事少还离家近一样。P2P 理财虽然是一个新事物，但是也已经有好几年了，随着国家的监管力度和相关政策法规的完善，P2P 平台也会越来越规范，甚至有可能成为我们普通人理财的主流形式。

## 7. 急用钱怎么办?

俗话说“半分钱难死英雄汉”，有时候我们可能会遇到一些突发情况需要急用钱，但是自己手头上又没有足够的现金，也没有办法在短时间内找亲朋好友借钱，或者自己也拉不下来脸去借钱，从而欠别人一个人情，特别是只需很短时间使用的资金，对于这样的情况我们要如何应对呢?

我觉得首先应该尽量避免让自己陷入这样的窘境，要通过合理的理财有充足的短期、中期、长期需要使用的资金，再配合信用卡消费。尤其是要避免经常出现超越自己消费能力的支出。

如果真的是有突发状况导致资金周转出现困难，有哪些方法可以不用找人借钱就能助你渡过困境呢?

第一种，关于消费支出类的资金不够的情况，当你的信用卡额度已经不足，银行卡里也没有足够的活期资金时可以考虑使用“网络信用卡”来解决燃眉之急。例如京东的“京东白条”，支付宝的“蚂蚁花呗”。当然这个解决方案主要是在京东和淘宝这种电商平台的购物，而且也不见得任何一笔消费都能使用，并且有额度限制。应该说只能解决有限的网络购物资金不足的情况。要注意的是即便使用京东白条、蚂蚁花呗这样的网络信用卡进行消费也要在一个月之后进行还款。当然也可以进行分期还款，但是也要收取一定比例的手续费。

第二种，需要现金救急的地方，比如要还房贷了但是工资还没发下来，家人有急事需要用钱但是定期的理财还没回款，临时需要一笔押金但是钱还在理财账户中无法提现立即到账等情况。这些情况也是可以通过一些信用借款的方式来获得资金。

首先可以用信用卡预借现金的方式，如果你有信用卡也是可以把信用卡的额度换成一定比例的现金，其实就是相当于消费贷款，只不过是占用信用卡的额度。在信用卡对应的银行App中就可以进行预借现金的操作，借到的钱会直接打入关联的银行卡中变成活期资金可以直接提取使用，但是也是需要按月偿还这笔钱并且支付相应比例的手续费。

还可以直接用信用卡在ATM上取现金，这个更快速，但是不仅要收取一定额度的手续费，还会按天计算利息。

这两种方式都是只能作为应急使用,不建议经常这样操作,因为相应的手续费会比较高很不划算。这两种方式也要针对不同的情况，预借现金适合额度稍微大一些并且要在几个月内才能偿还完借款的情况，而信用卡 ATM 取现则适合额度较小并且能在短时间内就能还款的情况。

其次可以使用网络信用贷款的方式，有很多个平台都为用户提供了一定额度的信用贷款也可以提取出来应急用。比如微信中的“微粒贷借钱”,微信会根据你个人使用微信情况、消费、地域、好友等大数据计算出一个贷款额度和利率，当你需要用钱的时候可以直接将额度以内的贷款提现到绑定的银行卡中。类似的还有支付宝中的“蚂蚁借呗”、“网商贷”，也会根据你在平台中的芝麻信用、支付宝使用等情况给你一个额度和利率，你同样可以将额度以内的贷款提现到银行卡中。还有京东平台的“京东金条”，也是类似的方式。

这些网络信用借款基本上都是按天计算利息，日利率在 0.3%—0.5% 左右，综合年化利率也是不低，所以也不适合经常借款。因为是按天计息，所以一旦有钱还是要尽快还款。要注意的是网络平台的信用也是你个人信用，也要做到好借好还再借不难，而且为了能争取到更高的贷款额度和更低的贷款利率也应该多使用对应的平台的产品和服务，在对应平台购买理财产品、提供更多的个人信息、消费能力证明也有助于信用度的提升。

有些银行也提供了类似的服务，比如招行的“好期贷”，广发银行的“广发好借钱”，基本上如果额度较小的情况可以做到极速放款。

第三种，如果遇到信用卡账单无法及时偿还的情况，一定不要因此形成信用污点。假如只是短期的无力偿还可以选择账单分期，可以只分两期或是三期。只要一办理分期，账单中的消费金额就可以到下个月的账单中再生成，这样你本期账单中可以被分期的金额就不用马上偿还，一直到下个月的还款日才需要还款。这样至少可以给自己一个缓冲的时间。这里要注意的是账单分期的手续费一般是低于信用卡预借现金分期的手续费，所以如果你是没钱还信用卡账单不要自作聪明地从信用卡里预借现金去偿还账单，直接做账单分期即可。

上面介绍的一些获得资金的方式都是基本上可以在两小时内就能到账的情况，适合非常紧急的情况。如果你时间上并没有十万火急，比如三五天到一周时间需要使用的资金，那么可以考虑信用贷款的方式。有的银行 App 中提供了这样的服务，比如工商银行的“逸贷”，建设银行的“快贷”。但是这样的贷款并不是人人都能有资格或者有额度，一般是对应银行的优质客户，或者已经有房贷的情况。

有些银行也提供快速消费贷款的服务，比如平安银行的“平安新一贷”，只要资料齐全也能快速获得贷款。不过要注意的是这些消费类贷款一般不需要抵押，所以贷款利率也不低，而且还要提供贷款用户说明，不到万不得已也不建议去贷款。

还有一些非银行系的贷款机构也是可以提供快速贷款的服务，手续相对银行简单一些，但是利率可能会更高，还有可能会乱立名目收费，切记不要上当受骗。

除了上述情况外如果你还需要大笔的资金，那么就可以考虑办理抵押贷款了。抵押贷款利率相对于消费贷款会低很多，而且还款期限也长很多，但是相关手续、各种材料的准备也复杂一些，所以耗时会更久一些，一般需要一个月的时间才能办下来。如果你有房产，计划近期内要用钱也可以考虑这种贷款方式。

还有就是你的公积金账户里可能也有一些资金，如果符合条件可以提取，但是如果不是因为购房的一次性提取情况都会比较困难。按月还贷提取、租房提取每次只有比较少量的资金，不一定能解决急用资金的情况，但是这也是一个缓解资金缺口的途径。

综上，办理贷款也是一种理财，也是要计算好，既要做到解决问题也要控制成本，尽可能减少利息支出。不少种类的贷款利率都比较高，一旦贷了下来也要制定合理的还款计划避免更多损失。

第五章

# 基金投资那些事儿

投资基金，实际上就是雇佣别人帮自己投资，但风险不可能完全没有，因此投资基金一定要调整好自己的心态，不要想着短期投机获利，也不要因为短期的波动而影响心情，要树立一个好的风险意识，运用各种降低风险的方式进行长期投资。

# 1. 关于基金的基础知识

很多女性对基金可能不是很了解，也会经常找我推荐买什么基金，所以我专门开辟一章来谈一谈，因为基金对于很多女性来说是一种较为理想的理财产品。一提到基金首先有很多概念，比如公募基金、私募基金、开放式基金、封闭式基金、股票基金、债券基金、货币市场基金、混合基金、ETF 基金、LOF 基金、QDII 基金、对冲基金……对于很多女性来说光这些概念就足以让其晕头转向了。

我们需要先看一看基金的定义：一种间接的证券投资方式，基金管理公司通过发行基金单位，集中投资者的资金，由基金托管人（一般是指银行）托管，由基金管理人管理和运用资金，从事股票、债券等金融工具投资，然后共担投资风险、分享收益。

从这个基本定义我们不难看出从事基金投资至少有三种角色，一是投资人，二是资金托管银行，三是基金管理公司。对于想购买基金的普通人来说就是投资人，同一个基金的投资人会有很多人。

那为什么要去投资基金呢？比如一个对股票、债券、期货、贵重金属行情不了解的人，如果让他贸然去投资这些理财产品，肯定有非常大的几率损失本金，但是如果不去投资手中的钱又可能在慢慢贬值，那该怎么办？基金就提供了这样一个解决方案，那就是对于不太懂投资的人一起把资金汇总到一起，给到一个懂行的合伙人，然后再由他去雇佣一个投资理财的高手，让理财高手拿着投资人的钱去投资，他和懂行的合伙人都能得到一定的工资，如果投资赚了钱就再分给投资人。

所以如果这种合伙投资的活动经过国家证券行业管理部门（中国证券监督管理委员会）的审批，允许这项活动的牵头操作人向社会公开募集吸收投资者加入合伙出资，这就是发行公募基金，也即我们通常说的基金。而民间私下合伙投资的活动如果在投资人之间建立了完备的契约合同，就是私募基金。私募基金的风险更大一些，投资门槛也比较高，通常要100万起，但是公募基金投资门槛则小很多，10元、100元就可以做投资人。

知道了基金的基本概念后，我们再来看看基金品种的类型，根据不同的准则来划分也会得到不同的基金种类。

根据收益来划分有四种，分别是固定收益基金、最低收益基金、保本浮动收益基金和非保本浮动收益基金。固定收益就是指投资所得收益是按照固定的利率；最低收益是指有一个最低收益，也可能超过这个最低收益；保本浮动收益就是指在保障本金的基础上还有收益；非保本浮动收益则是指可能会损失本金。

投资人汇聚的资金给到投资高手是去投资什么呢？主要都是投资股票、债券、银行存款等，根据投资对象的不同也可以将基金分为股票基金、债券基金、货币市场基金和混合基金。

股票基金是指 60% 以上的基金资产用于投资股票，因为股票的涨跌幅度可能会比较大，所以这种基金存在的风险也较大，会损失本金，当然也可能获得很高的收益率。

债券基金是指 80% 以上的基金资产用于投资债券，债券的风险很小，一般收益固定，所以这样的基金基本上不会损失本金，当然能获得的收益率也比较有限。

货币市场基金是指仅用于投资货币市场，即央行票据、短期债券、债券回购、同业存款和现金。这个基金风险极小，而且赎回也很快，我们平时放在余额宝或是微信理财通中的资金其实都是购买了货币市场基金。

混合基金则表示可以投资股票、债券、货币市场，但是股票投资不能超过 60%，债券投资不能超过 80%。从这个比例要求上来看，混合基金的收益率一般是小于股票基金，大于债券基金，但是相应的风险也是小于股票基金，大于债券基金。

有几类特殊类型的基金也可以稍作了解，分别是ETF基金、LOF基金、QDII基金、对冲基金。

ETF基金是Exchange Traded Fund的英文缩写，中文称为“交易型开放式指数基金”，也叫“交易所交易基金”。ETF是一种在交易所上市交易的开放式证券投资基金产品，管理的资产是一系列股票组合，这一组合中的股票种类与某一特定指数（如上证50指数）包含的股票相同。ETF交易价格取决于它拥有的这一系列股票的价值，其表现与对应的指数涨跌高度一致。

LOF的英文全称是Listed Open-Ended Fund，中文译名是“上市型开放式基金”，在国外还被称为“共同基金”。它的产品特性上跟一般开放式基金没有区别，只是在交易方式上增加了二级市场买卖的新渠道。（开放式基金是指不上市交易，一般是通过银行申购和赎回，基金规模不固定。）

QDII的英文全称是Qualified Domestic Institutional Investor，中文译名是“合格的境内机构投资者”。它是在境内设立，经有关部门批准从事境外证券市场的股票、债券等有价证券业务的证券投资基金。

对冲基金的英文叫Hedge Fund，起源于20世纪50年代的美国。当时的操作宗旨是利用期货、期权等金融衍生产品以及

投资基金，实际上就是雇佣别人帮自己投资，但风险不可能完全没有，因此投资基金一定要调整好自己的心态，不要想着短期投机获利，也不要因为短期的波动而影响心情，要树立一个好的风险意识，运用各种降低风险的方式进行长期投资。

对相关联的不同股票进行实买空卖，风险对冲操作技巧在一定程度上可规避和化解投资风险。

除了上述的分类，还可以根据基金单位是否可增加或赎回分为开放式基金和封闭式基金；根据组织形态的不同可以分为公司型基金和契约型基金；根据投资风险与收益的不同可以分为成长型基金、收入型基金和平衡型基金。

投资基金，实际上就是为雇佣别人帮自己投资，所以也没有必要对各种基金的概念了解得非常透彻。上面提到的各种基金种类，对于绝大部分投资人来说主要相关的就是根据投资对象的不同进行的基金分类（股票、债券、货币、混合），以及特殊基金中的 ETF 基金。

## 2. 怎样投资基金

基金有多种认购渠道，传统渠道有三种，分别是基金公司直销中心、银行代销网点和证券公司代销网点。

这几种购买渠道也是各有优缺点。

基金公司直销中心购买基金的优点是可以在网上完成开户、

认购、赎回，一般都有相对比较优惠的交易手续费。但是缺点也相当明显，因为一般人买基金可能不止买一个基金公司的基金，如果是买多家基金公司的基金，那么就需要在这些不同的基金公司进行开户，管理起来会很麻烦。

银行代销网点购买基金的优点是可以通过银行 App 直接进行购买，而且可以买多个不同基金公司的基金，并通过银行 App 统一管理。还有一个好处就是可以在网上银行上设置基金定投，每个月固定时间自动扣款购买指定基金，可以省去很多手动操作。缺点就是同一家银行不一定能买到所有基金管理公司的基金，也可能涉及需要使用多个不同的银行 App，还有一个很大的缺点就是申购手续费可能没有优惠，如果购买的基金多，这也是一笔不小的费用。

证券公司代销网点购买基金和银行代销类似，可能比一家银行的品种更为齐全一些，如果在实体网点还会有客户经理进行讲解，适合刚开始投资基金的人。缺点也是购买的手续费会高一些，因为基金公司要付给券商一些佣金费用。

随着移动互联网的发展，购买基金已经非常方便，除了上述传统的购买渠道外，现在很多常用的 App 上都已经可以购买基金了，而且基金的种类也很多，基本上一个 App 就能管理自己认购的不同种类的基金。

以微信为例，进入“钱包”后选择“理财通”就可以买多种基金理财产品。在“稳健理财”中就可以看到“货币基金”，进入后有很多低风险的货币基金可以购买，在“定期理财”中就可以看到很多“债券基金”，也适合中短期的稳健投资。在“浮动收益”里有大量的 ETF 基金可以购买，适合做基金定投。

同样的，支付宝也可以购买很多种类的基金，进入“蚂蚁聚宝”后就可以看见“基金”一栏。支付宝的余额宝本身就是一种货币基金，同时可以购买 ETF 基金、债券基金等。特别是在定投专区还可以进行每周 10 元的定投，非常适合资金不多的人士开始定投之旅。

在微众银行、京东钱包中也可以购买多种基金，特别是京东钱包中有个“基金超市”，可以购买各种货币型、股票型、混合型、债券型、指数型的基金，还可以购买 QDII 型的基金。在基金超市中可以将基金进行销量、风险维度的排名，方便选择和购买。

如果你既想投资基金又想投资 P2P，并且期望通过一个平台来管理这些资产，那么可能陆金所这样的平台比较合适。在陆金所平台里既可以购买 P2P 的项目（但是收益率偏低，平台比较稳健），也可以购买多种基金。

这里再推荐一个比较社交化的基金投资平台，名字叫“投投金融”。在这个平台里你不仅可以购买多种基金，还有各种理财达人在上面分享理财经验，你可以通过“找达人”，然后跟这些达人来购买基金。对于不知道怎么选择基金的新手来说，跟着高手投也是不错的选择。

如果你的资金比较充裕，不想买公募基金，想尝试私募基金，有两个平台也可以考虑，一个是铂诺理财 App，一个是金斧子财富 App。这两个 App 中都可以购买私募基金，其中铂诺理财是李开复站台的，平台资质上应该还不错。[1]

不论通过什么途径和平台购买基金，可以考虑一个基金组合，比如购买一定货币基金作为活期资金，方便快速提取使用，购买一些中短期的债券型或是混合型基金作为中期的理财资金，定投 ETF 基金作为长期的理财目标。这样即使只考虑基金这一个类型的理财产品也可以形成一个资产组合。

---

1 本书推荐的各类平台仅代表作者个人使用经验，读者朋友需根据个人实际情况自主选择。

## 3. 投资基金的误区

基金对于很多人来说都是一种比较理想的理财产品，而且购买基金的渠道也越来越多,方便性也越来越高,有点闲钱就“养基”是一个不错的投资思路。但是对于刚开始投资基金的新基民来说也会有一些误区,需要擦亮眼睛谨慎投资,避免进入误区。

投资基金的常见误区之一：喜欢购买便宜的基金。不少新基民会觉得单位净值越便宜的基金上涨空间越大，而且相同的钱可以买到更多的份额。比如同样是 1000 元的资金在不考虑申购手续费的情况下购买单位净值是 1 元的基金可以买 1000 份，但是购买单位净值是 2 元的基金则只能买 500 份。新基民可能还会认为单位净值是 2 元的基金已经上涨了很多，继续上涨的空间不大。

这其实是一个很大的误区。俗话说“便宜没好货”，这句话对很多基金也适用。单位净值高的基金表示运作良好，持续升值才能保证上涨，而单位净值低的基金很可能是运作有问题的基金。之前一直上涨的基金继续上涨的几率肯定大于之前亏损的基金。所以投资基金首要的一点并不是关注当前这支基金的净值，而是要看这只基金以往的表现和走势。

投资基金的常见误区之二：盲目选择新基金。在基金公司的大力宣传下，有的基民会经不住诱惑购买了新基金。新基金的确有一定的优势，比如新基金的价格有优势，新积累的资金可以去购买新股，可能获得更好的收益，同时规模也不会特别大，有利于灵活操作。但是新基金也可能会出现产品设计问题，不见得有好的投资模式，这点就比不上已经成熟操作的老基金。还有新基金也意味着有新的基金团队去打理，那么基金经理、团队成员之间也存在磨合期，很难在初期就能取得好成绩。另外新基金还有一个建仓期，甚至长达几个月，这几个月没有收益，也可能错过上涨行情。

所以选择新基金对于新基民来说不一定是个好选择，如果要买新基金，时机也最好是在熊市的时候，这样可以利用股价下跌的时机在低位建仓，熊市过后可能会遇到不错的上涨行情。另外就是关注次新基金，即刚刚结束认购期和封闭期的基金，与新基金相比次新基金完成了初步建仓，如果大盘上涨也能获得不错的收益。

投资基金的常见误区之三：频繁申购和赎回基金。基金并不适合短线操作，尤其是一些经验不丰富的新基民，在基金上涨的时候就赶快赎回觉得落袋为安，下跌的时候就马上又去购买觉得捡了便宜。我们都知道基金的申购和赎回都是要收手续费的，即使不考虑涨跌等因素，频繁的申购和赎回本身就会花去很多钱。至于每次都能在高点赎回，低点买入，这一定是高手中的高手，相信很多刚购买基金的女性并不具备这样的判断能力。

基金公司也有相关的大数据，真正能做到低买高卖的投资者少之又少，所以基金不适合“炒”，更讲究长期持有。

投资基金的常见误区之四：过于分散地投资基金。有句话叫“不要把鸡蛋放在一个篮子中”，在投资上就是不要孤注一掷，要分散风险。这个思路本身并没有错，对于投资基金也可以遵循，但是不放在一个篮子中不代表分散放到很多的篮子中。你不会运气那么好选的基金都会涨，选的越多可能遇到下跌的基金就越多，本来是为了分散风险，结果变成了投资很多下跌的基金。

不把鸡蛋放在一个篮子中也可以理解为将资金分成短期、中期、长期的理财目标进行投资基金，短期资金投资货币基金，中期投资债券基金，长期投资股票或是混合型基金。对于长期投资的基金可以选3只左右即可，这样也达到了降低风险的目的。

投资基金的常见误区之五：认为投资股票型基金更赚钱。前面介绍过股票型基金中购买股票的比例比较大，而股票很可能有很大的上涨幅度，这样对应的基金也会有大的上涨。话虽如此，但是收益和风险从来都是成正比，尽管基金是由专业人士操作，也不见得能每次都买到牛股。中国的市场风云变幻，有时候突然一个政策出台都可能导致股价大跌。所以投资股票型基金虽然存在上涨幅度大的可能，但是也会有损失大量本金的可能。

对新基民来说，尤其是一些刚开始投资基金的女性来说要把投资基金当成一个长期理财，不要跟随股市涨跌申购赎回。对于抗风险能力较弱的投资人，可能选择保本型或者债券型基金也是不错的选择。

除了上面几个常见的投资基金误区之外，还会有人认为基金分红越多越好，过分相信基金收益排名，以及买了差的基金还一直持有等误区。

基金分红通常只是营销手段，分红不见得是基金的额外收益，只是把基金的净值分出去了，一旦分红了，基金的单位净值也会下降。其实就是羊毛出在羊身上，并不一定是基金经理投资能力强，基金表现好。

基金收益排名不等于风险排名，但是我们知道收益和风险都是成正比的，收益高某种程度上可能也意味着风险高。短期的收益很可能与整个大市场环境相关，并不等于长期的综合业绩。所以基金的排名是选择基金的一个参考，但是选择基金还是要考虑到自身的需求、基金的品种、基金公司和管理团队，以及长期的走势等因素。

虽然说基金是一项适合长期投资的理财行为，但是也不表示明明一个很差的基金（比如在牛市中也下跌的）也要长期持有并且持续投资。基金定投是投资有波动但是整体还是上涨的基金，而不是定投一只跌跌不休的基金。如果遇到一只长期没有起色的基金也可以果断止损，切换到另一只基金。

## 4. 规避风险

投资基金虽然是一项不错的理财行为，风险小于炒股，但是也不代表没有风险，前面介绍了新基民可能因为自己经验有限进入了投资基金误区，这是一种投资者自身带来的风险，除此之外，投资基金还会有不少其他风险。

首先是市场风险，基金有专业人士操作，相比个人炒股在风险上会小一些，但是难免会遇到国内国际政治、国家经济政策的变化，这些都会引起证券市场价格的波动，从而影响到基金的收益和价格。

其次是管理风险，虽然基金是专业人士操作，但是你不能保证每个基金经理都很合格,也不能保证没有相关的人事变动,同时由于涉及各种机构,也不能保证在管理和运作上不出问题。所以整个投资团队和基金经理的能力也很重要。

再次是投资风险，基金本身有投资方向，有的可能是投资风险较大的小型股票，虽然成长潜力大，但是也伴随着高风险。有的投资货币市场，虽然风险较低，但是收益也很低，可能还跑不赢通货膨胀，相当于变相贬值。

除了这些风险之外，投资者还可能面临流动性风险，比如遇到巨额赎回或是暂停赎回的情况，这个时候又急需用钱，但是赎回不了，等可以赎回的时候发现已经下跌了不少。无法赎回的情况出现几率不是特别大，属于一种极端情况，但是不表示没有这样的风险。还有就是基金赎回是按照当天净值，而不是赎回的当时净值，所以很可能你赎回的当天净值比你预想的要低不少。

那么哪些方法有助于规避基金投资可能遇到的风险呢？要说明的是并没有一种方法可以完全避开风险，风险只可能尽量预防和降低。

首先是避免过于集中的投资一只基金，孤注一掷可能会面临较大的风险。当然前面也说过投资基金同样不能走入一个误区就是过于分散地投资多只基金，3—5 只是一个合适的数量。同时要配合不同类型基金的比例，一部分货币基金，一部分债券基金，一部分股票基金，这样能满足不同的理财目标。

其次不要频繁地申购和赎回,短线操作基金不能降低风险，反而会增加很多手续费，更有可能是在频繁的申购和赎回过程中遇到了很多高买低卖的情形。有的人想像炒股一样炒基金，除非是经验丰富的高手，否则对于不太懂行情的新人或者风险意识不强的女性投资者都不要尝试。

再次采用定投的方式平衡申购成本，长期定投基金有利于摊低申购成本，在高价位的时候买的份额少，在低价位的时候买的份额多。定投基金适合长期的理财目标，也非常适合大多数人。可以把长期定投的基金作为子女的教育储蓄或是自己的养老金补充。

当市场处于熊市的时候也不一定要等着自己持有的股票型基金一直下跌，也可以主动出击将其置换成货币基金或是债券基金，等市场回暖后再重新进入。这样的操作也是一种有效降低投资基金风险的方式。

如果有可能在买基金前进行充分的调研，比如调查基金公司、查看基金的历史表现，搜索基金经理的背景、网友评价，向资深人士咨询等。有了这些信息也可以为投资基金多一重保障。在重仓投资前先进行小额的试探性投资，观察一段时间再逐渐加大投资力度也能有效降低风险。还有个小技巧就是找到申赎费率最低的平台进行长期的投资,这个虽然不是规避风险，但是降低交易成本就意味着提升收益率，某种意义上也是减少投资风险。

总之，风险不可能完全没有，投资基金一定要调整好自己的心态，不要因为短期的波动而影响平日的心情。树立一个好的风险意识,充分准备,运用上面降低风险的方式长期进行投资，不要想着短期投机获利，这样就能形成一个好的理财习惯并且能从长期投资基金中获得不错的收益。

第六章

# 理财的功夫在平时

理财的功夫在平时，不要想着突然找到一个投资机会大捞一笔然后收手，也不能想着闭关修炼潜心钻研一段时间理财知识就能如鱼得水。理财是一个长期的、动态变化的过程，需要不断实践才能找到适合自己情况的理财生活方式，它是一辈子的事情。

## 1. 利用碎片化时间提升理财经验

我认识一个朋友，专业炒股，他本身有金融专业的背景，所以平时不工作，只研究股市买卖股票。有意思的是他并不是待在家里研究股票,而是经常去五星级酒店在酒店房间里研究。因为他很有经验，加上可以全身心地去钻研，所以投资股票可以说是他的工作。

如果是一名对股市一窍不通，而且有正式职业的女性呢？上面那位朋友的做法肯定不可取，绝大部分人都不能把投资理财当成工作，即使是达到财务自由的水平也不应该每天投入大量精力到研究股市行情上。对于一名职场女性，首先要做好自己的工作，其次才是利用碎片化的时间来做理财。

换言之，理财的功夫在平时，不能想着突然找到一个投资机会大捞一笔然后收手，也不能想着闭关修炼潜心钻研一段时间理财知识就能如鱼得水。理财是一个长期的、动态变化的过程，需要不断实践才能找到适合自己情况的理财生活方式，它是一辈子的事情。

因此，我们每天不需要花费大量整块的时间去研究理财，而是应该把各种理财行为潜移默化地融入到自己的日常生活中。

前面介绍过首先要学会记账，记录日常的消费支出，还要学会记录各项投资和资产情况，做到自己或家庭的收支清晰，资产有条理。这些理财行为不需要花费专门的时间，可能是顺手就可以完成的。

在消费观上要杜绝浪费、攀比，要追求购买物品的品质，做到少而精。生活上要有断舍离的心态，不要大量购买低品质的物品充斥在自己的周围。对于自己不用，但是对于他人还有用的物品可以进行赠送和售卖。

在平时的消费习惯上要学会使用信用卡，并且要懂得使用微信钱包、支付宝这类网上的支付方式，尽量避免使用现金和产生零钱。这样的习惯并不需要刻意花时间去做，只要养成了习惯就是自然而然的事。

在具体的投资理财方面并不需要整块的时间去操作，也不用频繁地去操作，而是要结合自己的情况。比如发薪日是每个月的 15 日，那么可以在 15 日或 16 日来处理一些理财的操作。比如将工资的一部分进行基金定投（基金定投也可以设置为自动扣款，这样就不用额外操作），将一部分放入活期的 P2P 账户，还有一部分购买理财产品或是中长期的 P2P 等。

重要的还款日要在手机上设置周期的日程提醒，比如还房贷的日期，还信用卡的日期，应该在这样的日期到来的前一天进行提醒，以便于自己将活期 P2P 账户中的钱提取出来放到自动关联扣款的银行卡账户上。

这些理财行为都不复杂，而且基本上都可以利用手机进行操作，配合日程提醒就能逐渐养成习惯。理财的习惯一旦形成，基本上就能很清楚地知道自己什么时间可以处理什么理财操作，并且对什么样的理财行为使自己的收益最大化也会越来越清晰。

## 2. 随时随地获取理财知识

理财知识的获取除了看理财书籍比较系统地了解理财知识之外，通过各种平台了解不同的理财技巧和知识、别人的理财心得、理财案例分析，包括政策动向也是不错的选择。下面就推荐一些适合女性获取理财知识的平台。

因为现在智能手机已是日常生活的必备品，加上现代人的碎片化时间非常多，所以获取理财知识主要可以通过手机，即通过移动互联网上的信息来丰富自己的理财知识。现在可能很少人用台式电脑或笔记本上网去看各种网站了，一般都是用手机或是 Pad 等设备，看各种 App 或是微信公众号。

在前面的章节中已经介绍过一些理财相关的 App，比如用于日常记账的随手记 App，用于管理资产的财鱼管家。这些专业的理财工具类 App 同时也是获取理财知识的优秀平台。

比如随手记 App 进入后就能看到下方有“理财”的标签页，点击进入后就可以看到大量跟理财相关的文章。不仅有平台编辑推荐的精品理财文章，还有很多网友自己写的理财心得，也有不少资深的理财专家入驻。笔者也是随手记论坛的理财专家，也会时常在这个平台发表自己的理财心得。因为论坛内容非常多，也不建议什么文章都看，大家可以主要看官方推荐的文章以及精选专题，还有自己关注的理财专家即可。

和随手记相比，财鱼管家 App 也同样提供了相关的理财资讯，但是在内容上不是大而全，更多是一些跟政策法规、行情趋势相关的文章，比较偏宏观层面。文章都是平台编辑精选的，在 App 下方的“发现”标签页下可以看，叫“每日财讯”，从名称也可以看得出来并不是偏个人理财技巧指导的。

随手记和财鱼管家两个 App 本身有记账和管理资产的功能，理财知识和资讯则是额外提供的附属功能，可以增加用户的黏性。像财猪和秋成两个 App 则更是聚焦于内容，本身并不提供理财工具或投资功能，这两个 App 上也有不少理财达人入驻，

理财的功夫在平时，不要想着突然找到一个投资机会大捞一笔然后收手，也不能想着闭关修炼潜心钻研一段时间理财知识就能如鱼得水。理财是一个长期的、动态变化的过程，需要不断实践才能找到适合自己情况的理财生活方式，它是一辈子的事情。

同样也是获取理财知识的有效途径。

除了 App 之外，理财相关微信公众号也比较多，而且是定期推送，在获取的形式上会跟 App 有所区别。微信公众号也分为个人号和公司号,个人号一般都是作者自己的理财经验分享，公司号则是不同来源文章的汇总。

针对女性的个人微信公众号当中比较出名的就是三公子的“三公子的人生记录仪”。三公子虽然名字叫公子，但其实是不折不扣的女子，她也有很多理财经验，还出版了很热门的理财书籍《工作前 5 年，决定你一生的财富》。她的公众号除了谈自己的理财经验外，也会有一些职场和人生的感悟。

公司号中针对女性理财比较知名的就是“简七”和“她理财”了，如果觉得通过 App 看理财内容比较麻烦，个人微信公众号又不够聚焦，那么关注这样两个微信公众号也是不错的选择。还有不是偏向女性理财的微信公众号，如“理财巴士”。

除了“看”，其实还可以“听”，这样就可以利用走路、坐车等移动状态下的碎片时间来获取理财知识。比如“喜马拉雅 FM”App 中就提供了大量的音频内容，进入 App 后，可以在上方的搜索条中输入“理财”关键字，就会出现很多关于理财方面的音频节目，或者在“分类”一栏中选择“商业财经”，里面也会有大量关于理财的音频栏目。要注意的是，有的是需要付费才可以收听。

除此之外，除了文字的内容、声音的内容，理财知识还可以通过视频节目来获得。在今日头条 App 上就有很多理财相关的视频，可以直接进入 App 后在头部搜索栏中输入“理财”二字就会有大量的理财知识介绍视频。

获取理财知识的平台很多，有文字的，有音频的，有视频的，其实也不用贪多，根据自己的情况选择即可。学习很关键，但是实践更重要。

## 3. 手机理财更轻松

应该说只要不是购买房产、收藏品这样相对复杂的投资，普通人的理财基本上都可以通过一部手机来搞定。这得益于移动互联网的发展，把很多原本需要线下进行的事务都搬到了线上，不仅提升了业务办理的效率，也方便了用户。

有不少女性对学习各种手机 App 可能会有排斥，觉得麻烦、不安全，或者本身就不感兴趣，不想去研究。如果想成为一名合格的财女，还真得掌握这些理财 App 的用法。其实也不用特别担心学习成本，现在各类互联网 App 的易用性已经做得不错，而且会根据用户使用情况和反馈不断优化，同时加上我们已经被各种常用的 App 教育，通过手机来进行日常理财早就不是一件难事，反而是一件高效轻松的乐事。

相信大家都已经用起了智能手机，苹果的 iPhone 价格会比较贵，但是很多国产品牌的安卓手机则相对比较便宜，而且质量也不错，也同样可以满足日常理财的需求。只要在应用市场中下载各种对应的 App 即可开始自己的手机理财。

前面的章节中已经介绍过不少理财相关的 App，这里再给大家做一个更为细致的种类划分并推荐更多不同类别的理财 App。

首先你应该了解的就是各种银行系统的 App，你如果有不同银行的银行卡、信用卡，并且这些卡经常需要进行资金的管理，那么下载对应的银行 App 肯定可以事半功倍。基本上所有银行都有其对应的手机 App，在办理银行卡时就可以开通手机银行、网上银行等服务，然后就可以将对应的银行卡绑定到 App 上。

用银行 App 基本上已经可以做完绝大部分的理财事务。比如日常转账、缴费、关联还款、自动扣款、各种储蓄存款，购买银行理财产品、基金、贵重金属、外汇、保险、国债等等。

如果你不想研究更多理财的 App，那么自己经常用的银行卡对应的 App 基本上可以覆盖各类理财行为。

例如小额现金可以放于活期账户上便于取现、日常缴费、自动扣款；中短期资金可以购买货币基金（如招商银行的“朝朝盈”）、银行理财产品；还可以进行基金定投、买保险和外汇作为长期理财目标。另外，自己的信用卡也可以通过银行 App 进行管理。

关于银行账户有一点要注意的是，刚刚国家颁布了相关政策，同一家银行的账户要区分 I 类、II 类和 III 类几种级别。I 类账户是全功能账户，就是你现在使用的借记卡，II 类和 III 类账户是虚拟的电子账户（II 类账户也可配发实体卡片），是在已有 I 类账户的基础上增设的两类功能递减、资金风险递减的账户。

I 类账户可以当作“金库”，负责较大的金额金融业务，使用范围和金额暂时不受限；II 类账户是“钱包”，负责日常稍大的开销，单日限额 1 万元；III 类账户是“零钱包”，负责额度小、频次高的开销支出，限额 1000 元。这样划分的目的主要是为了银行清理僵尸卡，以及对用户转账、网上支付的安全性做一定的保障，如果你本身同一家银行没有很多张借记卡，也没有经常性的大额网上支付行为其实不必过于纠结这个规定。

比银行 App 更进一步的理财 App 应该就是我们日常使用的互联网银行 App 了，也有一些常用的诸如微信、支付宝这样的 App 本身就具备很强大的理财功能。

以微信为例，在“钱包”中就可以进行诸如转账、充值缴费、还款等操作，如果绑定了银行卡或信用卡还可以直接在一些商铺进行扫码消费，微信用户之间也可以进行转账和收款，非常方便。同样的在“理财通”中还可以购买各类理财产品和基金。

在支付宝中也是提供了类似的服务，和微信钱包一样，支付宝也可以进行转账、充值缴费、还款以及各类生活服务，同样也可以在很多商铺进行扫码消费。支付宝用户之间也可以进行转账和收款。在“蚂蚁聚宝”中也可以购买各种基金、理财产品和黄金。

类似的还有“京东钱包”，腾讯旗下还有一款互联网银行 App 叫“微众银行”，它基本上也可以满足绝大部分的理财需求。

所以你如果觉得互联网银行更适合自己日常理财那么就可以这样来操作，首先网上的各种支付包括线下的一些支付行为都可以直接走微信钱包或是支付宝，建议绑定信用卡；其次平时需要及时使用的小额资金可以存入微信理财通或是余额宝中;

中短期的资金可以购买定期的理财产品；然后再进行每个月小额的定投基金、购买保险作为长期理财。

考虑到闲置资金还需要追求更高的收益，那么还应该有几个 P2P 理财的 App。P2P 平台的风险虽然会高于银行或是微信、支付宝这样的平台，但是也有一些比较稳健的平台，而且可以获得更高的收益率。收益率和风险成正比，每个人根据自己的情况来选择。

比较稳健的平台有陆金所、PPmoney，适合长期循环投资闲置资金；平时活期的资金可以选择简理财、真融宝、51 人品这样的平台，这些平台活期的利率相对较高，而且提现十分快速。

如果你还有更大笔的资金可以考虑私募基金这样的平台，比如铂诺理财、金斧子财富。但是私募基金一般要 100 万起购，风险相对比较大，作为普通女性理财需要谨慎选择。

还有购买保险也可以使用众安员保这样的专门用于购买保险的 App，里面有大量不同种类的保险可供选择。

除了上述各种购买理财产品的 App 之外，还有一些辅助理财的 App，比如用于记账的随手记、用于资产管理的财鱼管家、用于信用卡管理的卡牛、租房售房的安居客，以及闲置物品售卖的闲鱼等。使用这些 App 也同样是一种理财行为，并且能极大提升理财效率。

跟理财相关的 App 有很多，也不用各个都去琢磨、精通，选择适合自己的 3—5 个即可，毕竟时间管理也是理财的一部分，没有必要在各种功能类似的理财 App 上频繁切换跳转。理财也要关注时间支出和精力耗费，太多的 App 也会造成资金过于分散，操作起来可能也会顾此失彼手忙脚乱。只有“精”才能更好地提升效率。

## 4. 开发自己的赚钱“斜杠”

对于大多数人来说自己的正职工作不见得是自己十分感兴趣的，有时候甚至是由于父母、家庭、专业等原因不得不从事的工作。不过既然是正职工作还是应该尽心尽力做好，毕竟是靠这份工作获得收入养活自己并承担家庭的生活费用。

很多人总想着一定要找一份自己非常喜欢的工作，以为这样就会每天充满干劲，并且自己也有很好的发展。这样的期望可能人人都有，但是真正能找到自己十分热爱，且跟自己的爱好相匹配的工作并不容易。正如我在一篇文章《爱喝咖啡和经营咖啡馆是两码事》里写的一样，你的爱好不见得就能成为一份真正的工作。

话说回来，就算是自己特别喜欢的工作，这份工作中也可能有自己不喜欢的部分。有的明星可能口口声声说自己多么喜欢演艺事业，但是他们有时候也不得不面对娱乐圈各式各样的“潜规则”，或者自己不喜欢的商演和角色。有的人很喜欢自己从事的设计工作，但是作为乙方可能也要面对不专业的甲方提出的啼笑皆非的修改意见。有的人觉得自己创业当老板了就可以做自己想做的事情,但是可能也要面对各种人事行政管理、融资经营压力，还有跟自己不喜欢的人打交道。

所以,对于大多数人来说其实不用太纠结当前所做的工作，你要做的不是“世界那么大，我想去看看”，而应该是思考一下在当下你有没有能力做选择，换一个领域或行业你是否能养活自己。既然任何工作都可能有你不喜欢的部分，那么当前的工作有没有你喜欢的部分呢？做好自己的职业规划远胜于不停地寻找合适的工作。

曾经有次在公司的交流会上，公司邀请了一名企业的负责人来给我们做分享。他在大学学的是机械工程，但是毕业后进入了自己的家族企业。他们的家族企业是做女性美容的，刚开始他一点都不感兴趣，根本不知道如何开始自己的工作，在别人眼里他就是一个无所事事的富二代。后来，他意识到这样下去不行，家族的产业需要他继承，于是他在这份自己本不喜欢的工作中找到了一个可以激励自己的目标，那就是带领企业里那些从农村里出来又积极上进的女员工进行企业内创业。他帮助这些女员工去大城市开展事业，让她们改变命运，自己也从这个过程中获得巨大的成就感。

在上一家公司做设计师的时候经常要跟外国的设计公司做合作项目，因此也认识不少国内外的设计师。他们都很敬业和专业，对待工作都非常细心，但是他们也是把工作、生活、爱好分得很开，尤其是欧洲的设计师。

有一个芬兰的女设计师 Alica，她当时是我们合作项目的主设计师，也是对方的项目经理。她除了负责项目的主设计师工作外，还承担了跟我方交流沟通以及整个项目管理的工作。不仅如此，她手头上还有其他的设计项目。她的工作量肯定是不少，但是我在芬兰出差期间看到她在工作时间非常投入，中午从来就是吃个汉堡或是沙拉，然后马上就会投入工作中，甚至边吃边工作。

她和很多同事都是早上 7 点就已经进入工作状态，然后下午三四点就下班回家了。我曾经问她们为什么不早上晚一点来，下午再晚一点回去。她的回答是下午下班后她在 4:30—6:00 还要教人跳街舞，晚上还要跟家人一起吃晚饭。因为街舞是她的爱好，既可以让她快乐、保持体形，又能认识很多职场以外有趣的人，而且还能挣点外快。她还指着旁边一个男设计师说，他每天下班后还教人滑帆船，夏天是他最忙的日子。

原来他们的工作和生活竟然是这样安排的！

我们通常习惯于工作日的时间工作，晚上就在家里“葛优瘫”，总想着到周末、节假日的时候才去做个什么自己感兴趣的事。其实是因为我们没有很好地进行时间的划分。

Alica大学就是学设计的，所以现在做设计的工作也非常好，虽然有时候也会有各种各样的压力，遇到不好搞定的客户，但是总体来说还是很好的工作，而且可以给她提供稳定的收入和保险。因为她有这样的工作，每个月交税，她的子女也可以接受好的教育并且可以直接上大学。她很喜欢跳舞，这和工作、生活也不冲突，教别人跳舞获得的收入都会被用于全家在夏季休假时旅游的费用，虽然每天只有不长的时间，但她照样动力十足。

Alica找到了正职工作、个人爱好和家庭生活的平衡点。正职工作或许有不喜欢的地方但是却必不可少，因为要依靠它获得良好的收入和社会福利；而个人爱好也并不需要花费大量时间，只要一天中抽出一点时间即可，不仅能让自己身心愉悦，还能有额外收入；除此之外都是家庭生活的时间，也有周末、假期这样的时间留给家庭。

你可能会觉得早上7点就要上班会不会很累？其实习惯了就好。就像很多科技公司的CEO、高管们，他们都是非常早就开始工作，甚至会在每天正式上班前就已经处理完了当天最重要的事情。

我还认识一个朋友，她喜欢做皮革手工，按照她的话说就是做手工的过程整个人的心都会静下来，日常工作和生活中烦心的事情都会被暂时忘记，只会专注手中的皮革。看着手中的各种原材料逐渐变成了一个个成品也会非常有成就感。而且她的这些手工作品都能卖个不错的价钱，经常还能得到别人的赞许，这对她来说又是另外一种成就感。我印象中导演兼演员的徐静蕾也有类似的爱好。

很多人都想成为斜杠青年，但我认为并不是斜杠越多越好，而是说一个你真心喜欢，并且是对自己身心健康有帮助，同时还要能赚钱，这才是一个好的斜杠。甚至不排除这样的斜杠你越做越好变成了你的正职。

在这个时代可以赚钱的方式很多，只要你愿意分享总能在这广袤的互联网用户中找到属于自己的粉丝。有的人喜欢做美食，只要做得好，拍出很好的照片甚至教学视频，就会有很多人看，接着有广告、打赏的收入，甚至还会有出食谱的可能。有的人喜欢写作，只要对他人有用，持续的输出，就会不断有人关注，进而会有各种稿费收入和出书版税。有的人喜欢看电影，如果会写影评，只要有独到见解，就会有人来约评。如果你能像 Papi 酱那样拍摄搞笑视频，能像谷阿莫那样说电影，能像文曰小强混剪小说，你也一定能在满足自己的爱好的同时获得可观的收入。

所以，不用总是埋怨自己当前的工作，抱怨公司文化、组织氛围，对上司不满意，因为你即使换一个工作还是会遇到这样或那样不喜欢的部分。不如在做好自己当前工作的同时，考虑开发一个自己喜欢又能赚钱的斜杠。

## 5. 做家里的 CFO

一个家庭里至少要有一个人懂点理财，如果夫妻双方都是花钱无度，对理财也没有什么概念，很可能就出现突然需要大笔支出的时候无钱可用的状况，只能厚着脸皮到处借钱，然后再省吃俭用慢慢偿还。这样的家庭财务状况肯定不理想，更无法打造一个有质感的生活了。

在前面的文章中也介绍过大部分情况下妻子掌管家里的财政大权对家庭资产的增值还是有很大帮助的。这不正是家里的CFO吗？那么如何才能更好地把家庭CFO这个角色当好呢？

很多财务状况不好的人有个共同的特点就是“今朝有酒今朝醉”，月初发了工资就会使劲花，到了月末没钱了就拼命省。有个女孩子向我咨询理财方面的问题，说她每个月有4500元的工资，公司包吃住，但就是不知道每个月的钱花到哪里去了。对花钱没有概念，消费缺少计划是阻碍自己成为一个优秀的家庭CFO的绊脚石。

当家庭的CFO就意味着要至少管理两个人的收入，然后计划一家人的消费支出，所以首先要了解家庭的收入情况，并以此判断出家庭的消费能力，避免入不敷出。有的女性是知道自己和丈夫的月薪的，但是对奖金、公积金、其他收入可能就没有什么概念了，尤其是底薪加提成的岗位，收入很不固定，心中就更没有底了。

一个合格的家庭CFO首先就要清楚地知道家庭的收入，即便月收入不固定，存在比较大的浮动，也要明确一个合理的区间，并以此来决定家庭的消费情况。

手里有粮心中不慌，要管好家庭财务就要做好短期、中期、长期的资金规划，并且能充分发挥每一分钱的价值，既要做到在用钱的时候有合适的资金，也要做到让每一笔资金的收益最大化。

短期的资金一般就是一个月内需要使用的资金，这些费用可能是每个月的房租或月供、通信费、交通费、伙食费、休闲娱乐费、水电气费、有线电视、网费、物业管理费等。这些费用里面又会分固定支出和浮动支出，有些费用还可能是通过信用卡支出，需要偿还信用卡账单。这样的费用就需要预留足够，可以少量放在活期账户上供自动扣款，还有一部分放在货币基金、活期 P2P 账户中可以快速提现。

如果是一个人管理两个人的收入，那么也要做好资金的分配，可以是信用卡加活期资金的形式。对于女性掌管家庭财务的情况，尤其不要出现只给丈夫很少的零钱，给人一种“妻管严”的形象，不要让丈夫在同事面前感到窘迫。

中期的资金一般会是在半年以上、相对比较大笔一点的支出，比如全家的旅游、购买大家电、装修、考证、报培训班、探亲、人情费、买车等。这些费用首先要计划好，可能要很早之前就开始储蓄，而不是到需要用的时候才东拼西凑。其次这笔钱也要做理财，很有可能一个季度奖金，一次年终奖就满足要求了，但是又不是马上要支出，那么这个时候就要考虑购买合适的理财产品使其产生收益，而不是放在活期账户上一直等到要使用的时间。

长期的资金则是若干年或是十几年之后才需要使用的费用，比如子女的教育费用、赡养父母的费用、自己养老的费用、保险费用等。这样的资金需要长期持续的投资，可以从每个月的收入中拿出一部分来进行定期投资。

在满足了上面短期、中期和长期的资金需求后，如果还有更多的富余的资金就要进行理财，比如投资房产、基金、收藏品等。最理想的情况就是能构建起家庭的被动收入体系，这个被动收入体系可以源源不断地产生收益，所得收益加上富余的收入又持续地投入到这个收入体系中，使得被动收入不断增加直至可以覆盖家庭所有的开支。

做家庭的 CFO 不是一蹴而就或是阶段性的过程，也是需要不断摸索、不断实践，并且持续一生的事。

第七章

# 好的生活习惯也是一种理财

如果你想要升级为“财女”，那么养成好的习惯是至关重要的，这些好的习惯本身就是理财的一部分。

## 1. 好的生活，断舍离开始

“断舍离”一词最初是日本杂物管理咨询师山下英子推出的概念，“断”表示不买、不收取不需要的东西，“舍”表示处理掉堆放在家里没用的东西，“离”表示舍弃对物质的迷恋，让自己处于宽敞舒适、自由自在的空间。随着《断舍离》一书的畅销，“断舍离”已经成为一种现代生活的概念，也是一种很好的生活习惯。

好的生活不见得就是对各种物质的占有，如果家中堆满不用的物品电器，衣柜里满是不想穿的服饰，冰箱里都是快过期的食物，储物柜里都是低档的消耗品，那么即便拥有了这些也不代表就拥有了幸福的生活。反而这些低品质的物品只会不断影响心情降低生活质量。

很多女性都有囤物癖，一看到商场有过季打折的衣物马上买，一有朋友去香港或是海外马上让人代购化妆品，一逛超市看到活动马上塞满购物车，一遇到电商促销立马剁手下单。在不知不觉中囤积了大量的物品，在买的时候感觉占了便宜，省下了不少钱,但是当真正用的时候发现可能根本都不是必需品，甚至发现已经过期了。这样一来，本以为得到了优惠，其实造成了真正的浪费。

所以断舍离的第一步就是“断”，不去买不需要的东西，也不要收取对自己无用的东西。有时候的确不知道自己是不是需要，但总觉得以后可能会用到，刚好又在打折，所以就不假思索地买了下来。对于这种情况，除非是你当下就要用的，否则都不用去买，等两天可能就会发现自己根本不需要。现在电商都非常发达，物流也很迅速，基本上想要什么东西都能很快买到，到需要的时候再去购买。

我们经常也会遇到免费送礼品的情况，扫个二维码获得一个公仔，办张信用卡得到一套茶具，充值一笔钱获得一份礼物。对于这样的活动要断掉占小便宜的念头，坚决不把无用的东西带回家，因为很可能到后来你会发现这些东西对自己根本没有用，又不好处理，只能任由其占据着储物空间。

断舍离的第二步是“舍”，俗话说有舍才有得，舍弃了低品质的东西，舍弃了对自己无用的东西才能获得空间和高品质的生活。“舍”有三种方式，第一种就是直接丢弃。对于破损、废旧、没有什么价值的东西直接丢掉，这些东西占据空间，影响自己的生活品质，需要毫不犹豫地处理掉。

第二种是赠送他人。对于还有一定价值的物品、全新的礼物、各类书籍、衣物等可以采取赠予他人。物品只有被使用才有价值，自己不用就给别人吧，这样不会造成浪费，处理起来也没有心理负担。在“菜鸟裹裹”App 中就可以包邮捐赠衣物给贫困山区，自己不穿的衣服直接捐出去也是很好的“舍”。

第三种是在线售卖。有些物品可能还有比较高的价值，或是大件的家具、小家电，不能直接舍弃，也无法赠送他人，就可以以便宜的价格卖掉，这样既能做到物尽其用，也能减少舍弃带来的损失。在“闲鱼”App 中就可以进行二手物品的售卖，只要拍张照片就可以上架，买家看到后就能像在“淘宝”中购物一样下单购买。

可以说“断”是减少物品的来源，“舍”则是减少已经持有的物品，经过不断的实施这两步家中的物品将会越来越少，剩下的都是对自己非常有用的、高品质的物品。

断舍离的第三步是“离”，这一步强调的是不再痴迷于对物质的占用，而是追求精神的富足。我在上一份工作的时候做过公司的展厅讲解，曾经有次接待过一个贵宾，他是我们大老板的顾问。在给他讲解我们公司产品的时候他接了一个电话，我注意到他的电话竟然是很古老的诺基亚，而且是那种屏幕最小的物理数字键盘小手机，跟他硕大的手掌很不相称。虽然我不知道他究竟有多富有，但是像我们这种小职员当时都能用得起 iPhone 或者各种屏幕巨大的安卓手机，他作为大老板的顾问不至于舍不得花钱买个手机。

我把这个疑问在中午跟他吃饭的时候说了，问他我们公司就是制造手机的，有着各种高端、功能丰富的智能手机，为什么你还用那么老土的小手机呢？他笑了笑说自己不想被手机绑架，有重要的事情自然可以电话联系，小手机足够用了，而且小手机携带方便，可以十天半个月不用充电。每天要做的事情很多，要思考的事情很多，还有很多要做的决定，不能频繁地被智能手机中各种推送打扰，也不想动不动就去看看微信或是新闻。

我恍然大悟，他的做法不仅仅是物质上的断舍离，更是一种精神上的断舍离，拥有属于自己的时间才是真正的“离”。虽然我还做不到像他那样直接回归使用如此功能简单的键盘手机，但是我还是不由自主地删除了大量不用的 App 和游戏，屏蔽了大量不熟悉、不喜欢的联系人的朋友圈，也关了许多早就不怎么看的公众号。

现在我的手机屏幕上只有一屏半的内容，绝不保留任何自己不需要的 App，哪怕是觉得以后可能会用到的也删掉，因为现在网络这么方便，大不了再下载一次。留下的 App 都是对我的工作、生活、理财有帮助的，可以给我节省时间提升效率的。

断舍离的思想其实可以渗透到工作和生活的方方面面，也可以从物质层面延伸到精神层面。对那些让自己纠结、不愉快、难受的关系同样可以采取断舍离的做法。

如果你想要升级为“财女”，那么养成好的习惯是至关重要的，这些好的习惯本身就是理财的一部分。

断舍离也是一个循序渐进的过程，并不求一下子就完成了生活的转变，而是在长期的生活中不断实践。以丢东西为例，并不是一天之内丢完所有不需要的东西，为什么不尝试每天丢一两件呢？手机里的App多，朋友圈消息多，关注的公众号多，可以不用一天就删光所有的，为什么不尝试每天删掉一个App，屏蔽一个联系人，解除关注一个公众号呢？几个月下来成果也不小了。

养成断舍离的好习惯，开始新的生活吧。

## 2. 平常日子的有趣，才是真正的有趣

我认识这样一个职场女白领，她的微信朋友圈里主要充斥着两种内容。一种是抱怨自己的工作、各种生活上的牢骚还有含沙射影对他人的不满，有时候甚至一天可以发好几条这样的信息。还有一种是节假日她去旅游的照片和心情文字，只要是在旅游她仿佛就变了一个人，不再一天到晚散播负能量，而是神采奕奕地跟大家分享自己的所见所闻。

我认识的另一个妈妈则不同，她的孩子才1岁多，家里养了一只狗和一只猫，她在家做自由职业。她的朋友圈里都是一

些“小小的乐趣”，比如孩子吃了酸的东西挤眉弄眼的短视频，小小的猫把大狗窝占领的照片，她做的各种美食照片，阳台上刚开的一朵花，看到的一个笑话等等。她要带孩子，家里还有宠物，所以就算是不需要在公司里上班也没有时间去到处游玩。

那么这样两名女性的生活你究竟更倾向于哪一种呢？当然，每个人的生活都不一样，并不能直接拿来做比较。但是我发现身边比较快乐的女同胞都有一个共同的特征，那就是在普通的日子里就能获得乐趣，善于发现容易被人忽略的美。

上面提到的那个女白领的工作和生活或许并不像她朋友圈里展现出来的那样糟糕，可能更多时候只是她觉得日子过于普通，总想着等待节假日去逃离现实，好好地享受人生。在别人眼里，平时的她总是有诸多抱怨、不开心，而离开了自己的工作和生活环境后又去炫耀她过得多么的好，多么的有趣。仿佛是只有离开了身边的人和事，生活才能变得有趣起来。

这只是个例，但是我们的确能看到很多人并不看重平常的日子，总是要等着某个时刻，某个特殊的日子，才能获得乐趣。但是，如果让我定义一个有质感的生活，肯定不会是长时间的苦闷后间歇性的狂欢，而是细水长流式的愉悦再加上一些小波澜。一个人只要有着很健康的爱好，能够持续的从中获得快乐，就能获得有质感的生活。那名自由职业者妈妈喜欢烘焙，爱摆弄花花草草，养宠物，这或许都是些非常简单的爱好，但是她能从中找到持续的乐趣，就是有质感的生活。

我在上一家公司还有个女同事，她的爱好就不简单了，她是一个探险爱好者，而且她不是只等着一年一次的国庆长假才出去探险，而是几乎每个周末，每个小长假都会去。如果是周末这种短期的，她会在周五一下班就闪人，然后会在周日的夜里返回，选的地点会相对近一些，是小长假则可能会加上几天年假去远一点的地方，如果是长假就去国外。

她和上面的那个女白领不同的是平常的生活和工作中她也没有那么多的负能量，而是对工作非常认真负责。我之前有过一段时间跟她在一个项目组，就发现她做事情效率很高，而且推动能力很强。如果有人在周五时耽误了她的出行都会有种负罪感。她虽然黑黑瘦瘦的，个子也很小，但总是精神抖擞，充满朝气。每次探险回来都是会给我们发美轮美奂的风景大片，都是那些未开发地区，她称之为“交作业”。平常的日子她也没有闲着，而是经营自己的博客，发照片，写游记和攻略。

曾经有次项目组聚餐，我就问她这样每周到处跑不累吗？她不假思索地回答自己喜欢的事是不会累的，而且为了能做自己喜欢的事就要好好工作挣钱，然后才能有好的收入去支撑自己的爱好。

这个女同事也会在朋友圈里展示着自己，虽然她的生活跟我们这些普通人略显平淡的生活不一样，但我知道这就是她的日常，就是她普通的生活，和那个自由职业的妈妈摆弄花花草草的生活是一样。她们都在普通生活中找到了自己的乐趣。

所以我们不必羡慕别人偶尔的出国旅游，也不必羡慕别人在朋友圈里晒的高档餐厅的美食，更不用羡慕别人买的名牌服饰、包包，因为你要知道这些都是短暂的，只有平常日子的有趣，才是真正的有趣。

理财也是这个道理，我们不要总期望通过孤注一掷冒着高风险短期获利，而是通过平时点点滴滴持续性的小额投入来享受复利让我们的资产不断增值。

## 3. 理财不是过苦日子

很多人觉得精打细算过日子很累，而且生活得一点都不精致，尤其很多女性想嫁个高富帅然后从此走上衣食无忧的生活，可是你真以为自己就能那么幸运？而且精打细算并不是让你过苦日子，而是一种好的生活习惯，也是走向美好生活的基础。

我之前有一个女同事跟部门的另一个男同事谈恋爱，我们都看得出来男同事对女同事很好。但是他们后来还是分手了，男同事不久也离职了，我们都感到十分惋惜。

后来了解到，原来是这个女同事嫌男朋友过于“小气”：“他人虽然好，但是感觉挺斤斤计较的，每次外出就餐他经常是团购，要不就是选有电子优惠券的，再不然就是有信用卡活动的。假期旅游也是这算那算，航班什么的要攒里程，酒店也要选跟信用卡合作的。我一烦，就提分手了啊！”

但我后来回忆了一下这个男同事，觉得他并不是那种小气的人，只是在生活方式、消费观念上是有些与众不同。我对三件事很有印象。

一次是部门聚餐，本来是要 AA 的，但是他主动买单，我们都拍手叫好，可见他并不是小气之人。他把服务员叫来之后，在手机上点了点，告诉服务员他有满 150 减 50 的优惠券，然后还多点了一个甜点，说这样就可以多减 50。我们都目瞪口呆地看着他的计算和操作，他这样一来就相当于打了好多折扣。

另一次是部门晚上组织看电影，因为时间比较紧，所以晚上就各自在影院附近的 KFC 解决晚餐。他让大家跟着他，我们就跟他来到了影院门口的一个机器。他开始在机器上熟练地点了起来，还一边问每个同事要吃什么。我们就把要吃的报给了他，接着他就在机器上打印了各种优惠券，汉堡的、鸡肉卷的、鸡翅的……然后又精准的给了每一个人，告诉大家拿着这个券去买 KFC 可以便宜几元钱，我们一群人可以节省不少。我们都直呼他是一个神奇的人。

还有一次，是我跟他去北京出差，我们约好了一起出发，坐同一班飞机。到了机场后，他问我有没有办航空公司的里程卡，我不知道是什么东西，就说每次都是公司订票没有办过。接着他马上带我去柜台办理了一张，然后告诉我以后出差都可以尽量定这家航空公司的航班，办值机时可以出示这张卡，这样就能积攒里程了。他说我们出差很频繁，积攒航空里程不仅能成为贵宾客户，还可以兑换飞机票回老家。接着他又带着我去 VIP 候机室，说他的里程卡已经升级到金卡，可以到贵宾室休息，还可以带一个人……上飞机后他被直接升舱到商务舱。

现在想想，他的精打细算就是一种生活方式，是一种很好的生活习惯，并不是抠门，既然能避免花费更多的钱，而且能享受更好的待遇，为什么不呢？

现在好多年过去了，虽然跟那个男同事已经很少联系，但是知道他结婚了，有了小孩，买了一套很不错的房子，事业和家庭都很好。偶尔会在朋友圈里看到他和家人国外旅游的照片，满满的幸福，我想他的妻子应该也是跟他很合拍的一个人吧。

那个女同事呢？她后来又找了两个男朋友,但是也分手了，我都不认识。现在这个据说工作也挺好，应该收入也不错，但是一直没结婚，也没有买房子。爱情是两个人的事情，或许只有自己才知道合不合适，但是我有时候还是会禁不住地想，如果给那个女同事重来一次的机会，她还会选择分手吗？

其实有时候团购不见得就代表品质差，用优惠券不见得就是小气抠门，参加信用卡的活动也不见得就是没钱消费不起。对于刚参加工作不久的人来说，这样的消费习惯表示他更有计划性，既享受生活又控制消费。那个“精打细算”的男同事非但没有过上苦日子，而且还过得比一般人都惬意。在我看来，这比那些花钱大手大脚、入不敷出的月光族更值得提倡。

恋爱，没有必要打肿脸充胖子，因为生活最终会把你打回原形。他把所有的钱都花在你身上又能怎么样？

我看过一个非常流行的观点，就是如果一个人有 100 万，但是只给你 1 万，跟一个人只有 100 块，但是给你 100 块，后者比前者就更爱你。坦白说，我不敢苟同，两个人的关系如果像算术题这么简单的话，那很多事情都迎刃而解了。

拥有100万的人虽然只给了你1万，但是不代表另外的99万就给了别人，他可能买房交了首付给了你一个更好的居住环境呢？他可能是当做理财的本金，获得更多的理财收入，让你过上更好的生活呢？拥有100块的人是把钱都给你了，然后呢？只要爱情不要面包了吗？

当然，我们这里对这些观点不做评判，毕竟每个人都有自己坚持的价值观，我们要讨论的是如果你想要升级为“财女”，那么养成好的习惯是至关重要的，这些好的习惯本身就是理财的一部分。

## 4. 什么是真正的财务自由？

关于财务自由，最常见的定义就是无须为养家糊口而辛苦地工作挣钱，通过被动收入就可以覆盖生活的一切开支。但这里我想强调两点，首先财务自由不一定就是不工作了，而是仍然可以工作，但是工作的目的不是为了拿工资然后养家糊口；其次，工作的目的不是为了挣钱，但是生活总要有消费支出，因此需要有非工作收入，也即被动收入来保证生活的开支。

那什么是被动收入呢？简单理解就是你不用花费什么时间

精力就可以得到的收入。比如你有房子，那把房子出租获得的租金就是一种被动收入；比如你有比较多的存款，从银行那里获得的利息就是一种被动收入；还有你投资股票、基金、P2P、贵重金属、债券、期货、收藏品等获得的收益，也都可以看作是一种被动收入；你有发明专利，授权给他人使用获得的资金也是一种被动收入；比如你写作出了书，获得首印版税稿费后，后续加印的版税收入也可以算是一种被动收入；现在流行的经营自己的公众号、自媒体、线上培训视频，你获得的打赏、广告收入同样可以算是一种被动收入。

我们可以看到随着社会的发展和生活方式的改变，获得被动收入的形式也会越来越多。被动收入的产生不是从天而降，想要获得被动收入意味着你在前期就要投入时间、体力、精力。比如要想获得租金收入，首先你得有房子，因此你得先通过工作攒下一定的资金才能买下房产；比如你想要获得利息收益、各种投资收益，那么前提也是你也要有本金，而这些本金也可能是你的劳动所得；至于发明专利授权费、稿费、打赏、广告收入等也都是你前期投入了时间精力创造了相应的知识产权。

这里不难看出，想要获得财务自由首先就要有被动收入，要获得被动收入就要在前期就有一定时间和精力的付出。除非是买彩票中了大奖，或是突如其来的遗产继承，在没有原始积累的情况下空谈财务自由毫无意义。

如果被动收入能覆盖日常开销了，甚至可以抵御一定的突发事件和风险，那么就是财务自由了吗？如果这个人整日无所事事，精神空虚，过着很无聊的生活，或者即使被动收入已经达到了财务自由的要求，但是还在做自己不喜欢的工作，自由时间少，精神压力大，这样的情况很显然也不能算作财务自由。

所以，我认为可以做自己喜欢的事情，精神愉悦，心理满足，同时不用为日常生活的各种开销担忧，这才是真正的财务自由。

财务自由的生活不一定就是有大把空闲的时间，然后到处旅游吃喝玩乐，而是自己的生活状态就是自己想要的，也有可能很繁忙，但是这种繁忙已经不是对物质生活的追求，更多是对自己精神世界的一种满足。

比如巴菲特，他投资股票获得的收益几辈子也花不完了，但是仍然继续研究股票投资，这不是他需要钱来过更好的物质生活，而是这就是他热爱的生活方式。小野二郎已经 90 多岁，是年纪最大的米其林三星主厨，他做了 80 多年的寿司，挣到的钱完全可以安度晚年，没有必要再靠卖寿司来养家，但是仍然每天早起做寿司，因为这也是他热爱的生活方式。类似这样的例子还有很多。

有不少去澳门的内地赌客都是非常有钱，他们有自己的企业，每年挣的钱都花不完，于是就到澳门豪赌，输了也无所谓。这些人或许在财务上是自由了，但精神上是空虚的，甚至是有很大压力，只是通过赌博来短暂的逃避现实，这样的人其实远没有达到财务自由。

很多人期望财务自由，这样就不用再辛苦工作，可以自由掌控自己的时间，生活也将变得自由。可是你真的确定自己财务自由后就能过上理想的生活吗？

美国作者唐·麦克奈写过一本书，叫《彩票的人生教训》，作者认为多数巨奖得主会在5年内破产，巨款让他们不知所措，最后会导致他们失去价值感。

书中有这样一个例子，西弗吉尼亚州商人杰克·惠特克在2002年独中3.15亿美元强力球巨奖，10年后他女儿和孙女死于毒品，妻子和他离婚，他吃了无数桩官司。有一次他在脱衣舞夜总会被人下药，放在车内的54.5万美元现金不翼而飞。后来他向记者哭诉："我真希望自己当时就撕掉那张彩票！"

## 5. 自律让生活更美好

上一节杰克·惠特克的例子告诉我们一个道理，并不是有了足够的钱就会让你过想要的幸福生活，如果不懂得自律，极度放松的生活可能会让你极度放纵，进而失去对生活的掌控，那样的生活肯定不会幸福美好。

那么，什么才是自律的生活呢？我觉得这应该包括对好习惯的坚持，有规律的生活，有计划的消费，对各种不良情绪的有效控制，而这种自律的生活习惯并不是在你实现财务自由后再去培养，而是在平时就要注意自己的自律意志。

我有一个领导，是公司高管，应该说早就达到了财务自由的水平，但是他仍然对工作保持着相当高的热情和投入，他本人也是一个非常自律的人。他每天早起跑步，只要不下雨，他就会跑 5 公里—10 公里，然后早上一定在 8:30 以前到公司。我们公司是弹性时间工作制，也就是说早上来晚一点也没有关系，有不少同事都是 9 点之后甚至 10 点多才到公司，但是我每次到公司时都发现这名领导已经坐在自己的位置上聚精会神地工作了。他周末也会正常跑步，而且会跑得更远，我们微信跑步的封面时常被他占领。在我看来，这名领导就是一个非常自律的人，总是给人以稳重，值得信赖的感觉。

Facebook 的创始人扎克伯格也是一个非常自律的人，他拥有的财富自然不必说，即便捐出去了 99%，剩下的 1% 也是足以衣食无忧。但是我们知道他有很多好的习惯，并且有很强大的毅力坚持，比如跑步，比如阅读，比如学习外语等。其实不少名企的高管都非常自律，他们通常会起得非常早，早锻炼完之后就会工作，甚至在员工上班前就已经处理完了上午的工作。

有的人还在工作的时候就比较自由散漫，周末也是睡到日上三竿，给自己定了各种各样的计划都半途而废。我很难相信这样的人能做到财务自由，即便走了狗屎运彩票中了大奖、获得了巨额遗产，散漫的性格也会使其做不到自律，最终会让自己越来越堕落。

除了坚持好习惯、规律生活这样的自律外，有计划的消费也是很重要的自律。有的人很有钱，但是并不会随便乱花钱，更不会因为自己有钱就刻意改变自己的很多喜好。还是股神巴菲特，他拥有的资产自然不必说，著名的“巴菲特午餐”在 2012 年已经达到 300 多万美元，但是他本人平时就是吃一些平常汉堡、薯条、意大利面和牛排。据说巴菲特开的车也是很便宜，根本不是价格昂贵的豪车，包括他住的房子也非常的老旧。

作为股神，每年被动收入就可以一辈子也花不完，即便他年龄已经如此年迈也没有想着铺张浪费花完所有的钱，这不是抠门小气，而是一种自律。有了这样的自律，才会有身心的自由和对生活的完全掌控。

商界的女强人董明珠也是一个非常自律的女性，她出差从来都不带助理，并不会因为自己是董事长就铺张浪费。从外人看她对下属要求非常严格，但是她的底气正是来自对自己的严格要求。

对自己不良情绪的控制也是一种自律。有的人很难控制自己的情绪，对人恶言相向，尤其是一些暴发户，随着财富的增长，脾气也渐长。这样的人内心达不到平和，也是无法做到真正的自由。

我老家就有这样一个邻居，他早年到广州做生意赚了大钱，然后回了老家养老。因为有过当大老板的经历，加上也有足够的资产，他的脾气越来越差。瞧不起街坊邻居，对家人颐指气使，任何跟他来往的亲戚他都觉得是看中了他的钱。久而久之，所有的人都慢慢地疏远了他，结发妻子也离开了他，两个儿子也不怎么看望他，亲戚和邻居们都不再跟他往来。现在这个邻居已经很大年纪，守着自己的财富孤老终身。

财务自由并不意味着真正的自由，不懂得自律，所谓的自由就是自甘堕落，荒废余生。如果你正在朝着财务自由前进，那么不妨先让自己自律起来。

因为自律，才是最终的自由。

第八章

# 不同年龄段女性理财要点

你也许期待着退休后能含饴弄孙，喝茶打牌，与家人同享天伦之乐，但是那一天真正来到的时候，可能你面对的却是生存的压力。因此，你要在人生的每个阶段都做好规划，你现在所有的工作，做的所有决定，获得的经验和能力都将深刻影响你人生的下半场。

# 1. 财商从小培养

在我未成年之前几乎不懂什么叫理财，自然自己的财商也高不到哪里去。那个时候父亲做生意，家境还算富裕，亲戚也比较多，总是有不少的零花钱。虽然十几年前不像现在这样物质文化生活极大丰富，但是想要花钱也不是一件困难的事情。所以口袋中有钱的时候总想着要花掉，如果那个时候要是有人跟我说要控制消费、设定理财目标，我一定觉得是非常遥远的事情。

按照我们那里的说法，越是会花钱，将来就越会挣钱，甚至那个时候大人还会鼓励我们小孩学会花钱，仿佛会花钱的小孩将来更有出息。我小时候还遇到过一个很迷信的说法，就是把五个手指并拢，然后看整个手掌，如果缝隙比较大就表示这个人存不住钱，而我正是这样的，手指之间的缝隙很大，这让我花起钱来更是心安理得，因为我命该如此啊！

后来家里出了一些事情，经济水平下降了不少，高中住校时生活费也下降很多，但是消费习惯倒是没怎么改，经常是月初滋润，月末吃土了。上了大学之后，情况变好了一些，主要是因为有奖学金贴补生活费，但是也经常出现需要找别的同学借钱周转的情况。

刚参加工作时也是没有理财的概念，主要是工资比较低，除去各方面开销就已经没剩多少，就算偶尔有个奖金、双薪什么的也就是存在活期账户上。我在以前的文章中还写过自己因为没有理财知识被人骗了很多钱的情况，也就是从那个时候我才开始有意识地去接触理财。总而言之，我从小时候认识钱、会花钱起，一直到二十几岁学理财前，一直都是一个没有什么财商的人。

我相信并不是只有我一个人是这样的，很多跟我交流的朋友、网友都有类似的经历，即便是工作了好多年还是不懂得怎么理财。我也时常在想，如果自己没有经历因为不懂理财蒙受巨大损失的事情，是不是还是会一如既往地懒得理财呢？

我发现小时候的习惯和经历真的会在很大程度上影响一个人成年后的生活，如果从小就是一个花钱大手大脚的人，那么成年后通常也很难控制自己，特别是当自己有了收入来源的时候，花起来可能更随心所欲。所以培养财商应该从娃娃抓起，或许那个时候自己还没有这样的意识，但是父母应该先以身作则并且引导孩子有正确的消费观。

我之前看过一篇关于德国人是如何培养孩子理财知识的文章，从三岁开始就要学会教孩子认识各种面值的钱币，并且要让他们知道可以用不同面值的钱币换取什么样的东西。再大一些的时候就要教育他们钱是通过劳动得来的，如果想得到钱就要帮父母做一些力所能及的家务劳动。上学之后就开始培养孩子的储蓄习惯,如果想买自己想要的东西,就要先自己进行存钱。年纪再大一些的时候，就要开始学会自己打工挣钱并争取覆盖日常开销。

或许这样的教育方式并不是直接教授孩子如何投资、买理财产品，但是无疑这种财商教育能在孩子懂事的时候就种下了一颗种子，让他们知道劳动、报酬、消费的关系，世上没有不劳而获的好事，想要什么东西就要想着自己怎么挣钱、存钱再购买。有了这样的基础财商教育，当孩子长大、成年之后也会养成一个很好的消费习惯，自己的工资也会进行合理的分配保证收支的平衡。

我们中国的教育则很少涉及财商的部分，学校、老师、家长更看重孩子的文化课成绩,经济不好的家庭就想着省吃俭用，经济优越的家庭就无所谓孩子的花销，但是一旦孩子长大了，独自在外求学，走上社会了，从小缺失的财商教育就会反映在日常生活中。

我也认识不少花钱大手大脚的女性，其实工资也不低，但是总是月光存不下钱来，更是没有理财的概念，这很大程度上是因为小时候就没有培养自己财商的原因，尤其是一些家庭遵循“女孩要富养”的理念，使得不少女性成年后也没有很好的理财意识。

不论你是一名已经参加工作的职场人，还是仍在求学阶段的未成年人，都要不断提升自己的财商，学习理财什么时候都不晚。如果你已经为人父母，也不妨在自己孩子小的时候就开始培养其财商，这一定能让他们受用一生。

## 2. 青年时期，最好的理财是提升自己

世界卫生组织把 14 岁至 44 岁的人群都定义为青年，但是在中国我们常说“四十不惑”，不惑之年在我们看来已经属于中年人了，其实我们普通人达到 35 岁基本上就会被认为到中年了。这里我们不去纠结青年和中年的具体界限，我们仅讨论提升自己的黄金时期。

在笔者看来提升自己最好的时间段就是从刚走出校园进入社会到工作了五六年，一般就是 22 岁到 28 岁的样子，如果是硕士研究生或是博士研究生毕业可能就再晚几年。笔者在前面提到过一个观点就是理财要趁早，其实理财并不能简单地理解

你也许期待着退休后能含饴弄孙，喝茶打牌，与家人同享天伦之乐，但是那一天真正来到的时候，可能你面对的却是生存的压力。因此，你要在人生的每个阶段都做好规划，你现在所有的工作，做的所有决定，获得的经验和能力都将深刻影响你人生的下半场。

为拿钱买理财产品、去投资，这是狭义上的理财，刚参加工作时在工作上精益求精，快速提升自己的业务能力，不断投资自己，这也是一种广义上的理财行为。

为什么说刚开始参加工作的几年很重要呢？对于绝大部分人来说，刚工作的几年是自己职业生涯的起点也是一个非常重要的打基础的阶段。根据1万小时理论，要熟练掌握某个领域的知识技能至少要投入1万小时，工作5—6年，差不多就超过1万小时了（8小时 ×22天 ×12个月 ×5年）。如果能够很高效地投入这1万小时，必然会给你带来职场上丰厚的回报。

在这个时间段首先是比较年轻，身体健康，头脑灵活，好奇心也比较强，接受新鲜事物也很快。如果能在一个好的平台发展，自己也勤奋，再加上有人指点，业务能力会有很快的提升。一般工作了五六年的员工，抓住了提升自己的黄金时段都会成长为不错的骨干员工或是基层管理者，也是公司的高潜人才。

这个时间段很宝贵还有一个重要原因就是家庭情况会相对简单一些，在一些比较发达的城市可能还是单身未婚，也没有孩子，自己的父母也不需要太多的照顾，能投入到工作上的精力会更足。一旦接近三十岁，特别是一些女性可能就要怀孕生子，照顾孩子，随着双方父母年龄的渐长，有时候不得不往家庭更倾斜一点。

为什么说“三十而立”？如果到三十岁在职场中还没有很明显的起色，在当前的岗位上没有独特的价值，也没有走上管理层，会或多或少有些尴尬。再加上照顾孩子、赡养长辈、经济负担等压力，以及自身的体力、记忆力、好奇心的下降，很有可能就遭遇中年危机。看着部门里不断进入充满激情的“小鲜肉”，比自己稍大一点的同事又是专家或是领导，自己再想要拼可能就会有点力不从心了。

曾经有不少刚参加工作的读者都咨询我如何理财，还特别强调自己的工资不高，我一般的回复都是先在职场中提升自己。因为如果工资不高除去必要的消费支出本身就剩不下什么存款，一年下来也理不出个所以然来，与其投入大量精力研究理财技巧、股市行情，还不如多把心思花在工作上，一次升职加薪可能就远远胜过理财收益。而且这种对自己的投入并不是一次性的，它会持续的产生价值。

对于年轻的职场女性来说，刚参加工作的几年可能比男性更重要，因为除了前面说的诸多原因，女性还会面临怀孕、生子、休产假、哺育孩子，这一年左右的时间非常有可能造成职业上的断档。当再回归工作的时候可能很多心思又放在了新生儿和家庭上，又需要比较久的调整和恢复时间。如果前面几年没有一个很好的基础，没有形成自己的职场竞争力，到了三十岁左右的年纪生完孩子重返职场肯定会面临很大的竞争压力。

当然，许多事情还是因人而异的，也不排除到中年时又闯出了新的一番事业，生完孩子的职场女性工作上突飞猛进，上面的分析只是从更大的可能性角度出发，以及笔者自己十几年职场中观察到的情况。

在这个时期，适当地学习一些理财知识，并进行一些简单、花费时间精力较少的理财活动，逐步培养一些良好的消费习惯，这些肯定有助于自己日后打理更多的资产，但是切记不要把这种理财看得比工作上的精进、自我提升更重要，因为青年时期提升自己就是最好的理财。

## 3. 中年时期，做好家庭和职场的平衡

我认识一个职场女性，事业心比较强，结婚相对有点晚，到 35 岁左右的时候才生的孩子。本以为她生完孩子后会逐渐在家庭上多倾斜一点，工作上不再那么拼，可是生完孩子的她在工作上的付出丝毫没有减少，加上她丈夫的工作也很忙，于是她决定把年幼的儿子交给自己已经退休的公公婆婆抚养。

她错过了很多孩子成长的关键时刻，比如张口说话，学走路。每年能真正跟孩子生活在一起的日子也特别少，即便在一起的时候，孩子晚上都不愿意跟她同睡，一定要跟爷爷奶奶睡。因为从小是在小县城里长大，爷爷奶奶都是跟他说家乡话，结果孩子也是带着浓重的口音。

我问过她难道这样不想孩子吗？她说当然想啊，除非工作上忙得不可开交，脑子一有空就会想孩子，想他是不是饿了，是不是开心，学到了什么。但是她又说如果孩子在身边，她和丈夫都没有时间很好地照顾孩子，还会影响工作。她这个年龄在职场上的竞争力很有限，工作一旦受到影响，就会影响到家庭收入。孩子将来回到一线城市上学，还要买学位房，各种开销会显著增多，现在只能牺牲这些为以后考虑。

这位职场女强人其实是不少在一线城市打拼的职场女性的写照，也是很多中年女性所要面对的现实问题——职场和家庭似乎很难平衡。

我认识的另一个中年妈妈则完全相反，她生完孩子后就直接辞去了工作在家当起了全职太太相夫教子。她丈夫虽然是一名中层管理者，但是所在的公司比较小，所以收入上也谈不上很高。家里虽有一些积蓄，但生活整体上还是很紧巴。

这位妈妈在工作上并不是女强人类型的，加上本身的工作也相对简单没有什么技术含量,所以工资也不高。现在有了孩子，他们并不想把孩子送回老家给父母教养，但是如果夫妻双方都继续工作，就要雇用保姆，自己的工资还不够负担保姆费用，所以不如辞职自己带孩子。这点倒很像不少日本家庭，丈夫在外工作，妻子在家做家务带孩子。其实这个现象在中国很多城市也是很常见了。

这两位中年职场女性在有了孩子后选择了不同的人生轨迹，第一位为了孩子的将来继续选择打拼事业，不惜牺牲自己跟孩子相处的时光，第二位则是为了孩子的现在放弃自己的职业生涯,从今以后成为了一名家庭主妇。正所谓家家都有本难念的经，她们的选择没有对错,只是在生活和工作的平衡上都有些不足。

我始终觉得女性不应该过早放弃自己的职业生涯，经济独立,有一份喜欢的工作,这对自己和家庭都是有很大的好处的。从经济的角度来看,夫妻双方都有工作,不仅意味着有两份工资,还包括对应的保险，那么抗风险能力肯定会更强一些。如果只有一方有工作，面对瞬息万变的社会，职场竞争压力，作为家里的经济支柱一旦倒下，那么很可能导致整个家庭一蹶不振。

从女性个人的角度来看，如果在家做全职太太，虽说能更好地照顾孩子，但是也难免限制了自己的社交圈子，职场上的人际交流变少，因为影响自己的视野。整天围着孩子、灶台转有时候也会有抑郁的情绪。这个观点我在第一章就表达过。

有了孩子的职场女性不一定就要放弃自己的工作,同样的，也不能说为了维持自己的工作就把养育孩子的责任完全交给他人。其实还是有不少人能做好家庭和职场的平衡的，但是她们不是在生了孩子之后就突然获得这样的能力，而是在自己年轻刚参加工作时就做了很多的准备，有了足够的积累。

比如刚参加工作时就努力工作提升自己，在职场中打造自己的核心竞争力,获取更好的收入,同时有很好的时间管理意识，懂得理财。随着工作经验的丰富，效率的提升，她们可能并不需要多么拼命，就能很好地完成自己的工作。这让她们得到了很多额外的时间，这样即使有了孩子，也足够应付。

孩子年幼的时候可能是辛苦一些，但也并不意味着父母要时时刻刻陪伴在身边。这个时候租大一点的房子，找自己的父母或关系好的亲戚一起带孩子也不失为好的选择。当孩子再大一些的时候就要上幼儿园，孩子上幼儿园的时候你上班，其实也不会有特别大的影响，夫妻俩只要处理好接送的时间即可。这种方式比较适合夫妻双方工作都不错、收入也不错的情况。

如果真的没有办法继续全职工作，需要辞职在家，也可以尝试兼职，在家里边带孩子边做一个自由职业者。我就认识一名女设计师，她当了妈妈后也是辞职在家带孩子，但是她并不是就是完全放弃了自己的职业，而是选择自由接单的方式在家里继续做设计工作。

还有一名妈妈喜欢烘焙，辞职在家后边带孩子边做自媒体，专门写做糕点的文章，还做线上的视频教学。这些工作她都是利用孩子睡觉的时候去做的，既不影响她哺育孩子，也满足了自己的兴趣爱好，还带来了不错的收入。

总之，对于一个中年女性来说，特别是刚有了孩子的时候，去平衡家庭和工作的确不容易，但是不能因为这个就轻易选择放弃某个方面，因为无论是职业发展，还是家庭生活，都是幸福人生不可缺少的一部分。

生活不易，我的建议其实很简单，那就是提前规划、早做准备、提升自己、不断积累！

## 4. 晚年时从容享受生活

同样的道理，决定能否从容享受晚年生活的最主要因素，是你是否在青年、中年时就做好了充足的准备和积累。

女性的平均寿命一般比男性要长，退休时间要早，按照国家法定的55周岁退休年龄（女工人、病退等还可以更早），中国人70周岁的平均寿命来看，女性自退休后可能还有20年至30年的晚年生活。

这20年至30年的晚年生活中不仅要面对自己的生病、老去，还有自己老伴的生病、死亡。有可能独居，有可能跟子女合住，还有可能住进养老院。同时要面临自己不再有工资收入，通货膨胀的年年上涨。如果在自己年轻时没有做好规划，那么到自己体弱多病的晚年肯定是无法从容享受生活的。

晚年时没有了工资收入，但也可以让自己的收入多元化，从而更好地抵御突发事件，同时保证一定的生活水平。

第一项收入来源是基础的社会养老保险，这一项收入仅仅是满足基本的生活保障，并且需要在自己还在工作的时候就要缴纳至少15年才有资格领取，因此这项收入的规划需要在自己年轻时就要规划。

第二项收入来源是企业补充型养老保险，这一项收入是企业给你的，如果你在一家企业工作到了一定的年限并退休，企业会根据情况给予退休员工一定的退休金。但是这项收入并不通用，首先有的企业不一定会给，其次个人不一定有资格领取，所以这项收入要因人而异。

第三项收入来源是商业养老保险，它可以理解为社会养老保险的补充，这也是要在自己年轻工作时就要考虑购买的，它的收益率不高，可以当成是强制储蓄的一种。商业养老保险的种类比较多，有传统型养老险，分红型养老险，万能型寿险，投资连接保险。但是从投资收益率的角度来看，传统型养老险，分红型养老险，以及万能型寿险其实都比较低，收益率甚至不如银行定存，而且考虑到通货膨胀的因素，年轻时缴费时的 1000 元和退休后领取的 1000 元购买力会相差很多。而投资连接保险则不能保证本金，虽然可能收益率高，但是也可能损失大量本金，这其实不适合作为养老保险的补充。这样来看，商业养老保险不一定适合所有人。

第四项收入来源是理财收入，理财的收入不仅包含自己在年轻时就为养老做的理财规划，比如基金定投，还包含多年积蓄的投资理财。晚年的理财肯定要以稳健为主，不适合做炒股等风险较大的理财行为，保证本金的基础上能超越通货膨胀即可，尤其不能轻信一些高收益的理财产品。

第五项收入来源是不动产收入，如果在退休前有购买房产，甚至不止一套，或者有投资商铺类的不动产，那么租金收入也是一项来源。如果是跟子女住、进养老院，那么原先的房产也可以考虑出租、售卖获得收入。

第六项收入来源是知识技能收入，有的老年人可能虽然退休了但是仍然可以在一个公司担任顾问，或者从事别的工作、做小本生意，比如有的日本老人 80 岁还在工作，这样也会有收入。还可能有一些产品专利费、版权费等被动收入。这些收入需要量力而行，也是因人而异，不适合所有人。

第七项收入来源是来自子女的孝敬，有的子女啃老，但是相信还是有很多孝顺的子女会敬老，逢年过节或者按月给予父母一定的生活费用。当然，这一项也是不固定，并且每个家庭情况不相同，也不能作为确定的收入。

第八项不算收入但是对于老年人也非常有用，那就是医疗保险和商业保险。老年人肯定会面临生病的情况，如果没有这些医疗保险会涉及很多的治疗费用。因此在参加工作时就为自己购买医疗保险也是非常有必要的。跟社保一起的基础医疗保险只要有正式的工作都会缴纳，生病了就可以抵扣账户余额或报销，而商业医疗保险也可以在符合条件的时候进行申报索赔。

我们可以看到，虽然退休后貌似有不少收入来源，但是大部分都是早年积累的结果，其中不少会有很大的不确定性。如果要保证退休之后的生活水平不下降，唯有尽早进行规划，避免年老时看人脸色，晚景凄凉。

退休后的收入多以被动收入为主，应该要尽可能地保证各项被动收入能覆盖日常生活。虽然不再有工资收入，但是原先工作时涉及的很多消费支出也会相应减少，这些节省下来的费用可以作为自己和家庭旅游、休闲娱乐的费用补充。

退休之后肯定不能坐着等待生命的终结，而是仍然应该想方设法过好自己的晚年生活,不论是跟子女一起共享天伦之乐，还是做花甲背包客游山玩水，抑或是下棋、品茶、广场舞，甚至把年轻时因为工作忙丢下的爱好重新拾起来都是不错的选择。

养老是一个长期规划，要想晚年能从容就一定要做到年轻时好好工作做好积累，并且趁早投资理财。

## 5. 退休是人生下半场的开始

今年刚刚结束的美国大选很是有意思，一名是家财万贯口无遮拦的商界大亨特朗普，一名是从政经验丰富中产阶级精英代表的希拉里，他们俩无论谁当选总统对于美国来说都是具有历史意义。特朗普毫无从政经验，而希拉里则是一名女性。如果要说两人的共同点，大概就是他们都已经年过七旬。在大选辩论期间，网上就流行了一个段子，说看着两名古稀老人还在为了一份工作唇枪舌剑，争得你死我活，我们有什么资格不努力工作？

随着社会、科技、医疗的发展，人们的生活水平越来越高，平均寿命也在增长。在日本就有很多长寿的老人，他们年纪已经超过 80 岁，但是仍然没有真正退休安享晚年，还在做着一些力所能及的工作。在日本热播剧《深夜食堂》的第四季中就有一集，一名开了 35 年律师事务所的老律师因为时代变迁业务量越来越少最终关了事务所，但是他并没有因此就退休不再工作，在片子结尾我们还看到他仍然以律师的身份接一些零散的法律咨询工作。其实这样的情况在日本很普遍。

从中国国家统计局了解到，根据第六次全国人口普查详细汇总资料计算，2010 年我国人口平均寿命已经达到 74.83 岁。其中我国男性人口平均寿命为 72.38 岁，女性为 77.37 岁。现在又过去了 6 年，这一数字可能还有所增长。我们可以计算出在我国女性的平均寿命比男性要高出了约 5 年，如果再过 20 年、30 年，男女平均寿命差距可能还会加大，而且整体的平均寿命也可能会达到80—90岁。

这意味着什么？这将意味着现在还在工作的80、90后达到60岁退休的年龄时，将会有30年甚至更久的时间处于养老状态，而对于有老伴的女性很可能要独自走过人生最后的10年。退休后的30年虽然可能在消费上有所下降，但是通货膨胀、物价上涨再加上收入锐减，要想维持退休之前的生活水平可不是一件容易的事情。所以无论对于国家还是个人，养老都终将是我们要面对的一个难题。

有一个观点说按照现在的医疗水平和科技发展，我们这一代活到100岁是个非常大概率的事情，如果按照60岁退休，很多人将面临40年不工作的时间。40年的时间都已经超过了我们很多人参加工作的时间，相当于大半辈子，而那个时候新的事物、技术、知识层出不穷，你以为自己可以拿着退休金安享晚年，其实根本不现实，我们到了退休的时候很可能将面临前所未有的挑战。

我在前面的章节中也提到了晚年需要从容的享受生活，但是这个“从容”的前提是自己或者家庭有足够的被动收入。我们这一代也只有一两个孩子，在我们年老时，他们就会跟现在的我们一样变成了夹心层，除了工作上的压力，还要负担养育孩子的费用，自己生活的费用，再加上几名长辈的赡养费用，这绝对是一笔不小的开支。所以那个时候依靠我们的子女来承担我们退休后 30 多年的养老费用，于情于理都不太合适，即使他们有这个孝心，可能我们也不忍心。

那应该怎么办？既然人的平均寿命在不断增长，尤其是女性退休后的生存的年限更长，那么我们可能也要延长自己工作的时间，否则从容享受晚年生活可能也是一个泡影。虽然不至于像文章题目中说的那样要“终身工作”，但是要有比法定退休年龄多工作 10 年甚至是更久的思想准备。即使不处于一个工作的状态，也仍然要不断学习才有可能跟得上那个时候的社会发展。

或许现在年轻的你还在为工作发愁，或许中年的你正在遭遇中年危机，当你渡过这些难关来到退休的年纪时发现人生的下半场才刚刚开始。如果是一名职场女性，法定退休年龄本身就比男性早 5 年，平均寿命又比男性长 5 年，再加上工作时的待遇低于男性，微薄的养老金可能很难支持退休后的生活。有的女性甚至在 30 岁左右生完孩子就放弃了自己的职业生涯，那么还有近 70 年的路要走下去，面对日新月异的社会发展和技术革新，这不得不说对自己和家庭都是一个很大的挑战。

退休并不是工作的终结，而是一个新的开始，你甚至要在退休之前就要计划好退休之后还可以如何发挥余热。曾经的你也许期待着退休后能重拾自己的爱好，含饴弄孙，喝茶打牌，与家人同享天伦之乐，但是那一天真正来到的时候你可能面对的却是生存的压力。

所以，你现在所有的工作，做的所有决定，获得的经验和能力都将影响着你人生的下半场。

第九章

# 女性理财案例精选

## 1. 高学历女白领的买房规划

曾经在随手记理财论坛中有个硕士学历的女白领咨询了我一个关于买房的规划，她是希望在两年内买一套自己的房子，价值大约 90 万。她才 26 岁，仅工作了一年，生活在中部地区的一个城市，当地房价大约为 8000 元每平米。这位女白领目前一个人生活，年薪是 11.5 万，她每月的住房公积金很多，公司和个人一共缴存 4000 元，公积金账户的余额有 2.3 万元。她自己在学校上学期间和上班这一年里一共存下了 9 万元。

应该说这位女白领本身的待遇条件不错，而且工作才一年就能存下 9 万元，作为一个单身女性肯定不是那种铺张浪费的消费习惯。特别是她这样的学历高、经济条件也不错的女性还有自己主动买房、供房的意识也十分难得。我遇到过很多咨询我理财问题的女性，她们更多觉得买房是男人的事情，自己有钱也不买。虽然夫妻双方中男方是应该更多承担买房养家的任务，但是从理财的角度来说，女性自己买房、供房也是在为家庭做贡献，更是为了给自己多一层保障。

这名女白领暂时未使用信用卡，对于 9 万元的存款也没有有效的打理，主要是放在了余额宝中。她自己每个月的各种消费加在一起大约 3000 元，在中部城市还是一个相对比较正常普通的水平，所以她想购房也是十分理性的选择。

我做了一下分析，价值90万的房子需要准备约30万的首付，按照她目前收入和支出，粗算稍显吃力，所以建议改为80万的房产，80万的房产按照当地房价也至少能90平的三房，不论是自住还是接家人一起住都已经足够。这样只要准备约25万的首付，两年后应该差不多。

具体计划如下：

1. 目前已有9万存款可以购买不同的理财产品，可以分散投资，1万继续存余额宝作为活期资金，6万循环购买年化利率为12%左右的中期P2P，还有2万可以买指数基金；两年后预计可以达到11万。

2. 两年的收入有23万，支出7.2万，剩余约16万，每个月除去消费后剩余的工资也是买不同的理财产品，保守年化收益按照6%计算，两年后预计可达17万。

3. 了解一下当地的公积金政策，每个月个人住房公积金缴存非常高，可以尝试按月租房提取，即提取2000元，另外2000元继续存入余额，两年后账户将有7万的公积金。如果个人能公积金贷款55万，那么就全部公积金贷款买房即可；

4. 买房后按照全部公积金贷款，月供约 2500 元，只需要将公积金按月提取就可以支付了，还贷完全没有压力。同时可以办理公积金购房一次性提取，这样可以提取 7 万元，买房剩余的资金预计还有 10 万元，这笔钱可以用于装修、购买家电费用，也可以继续选择理财。

5. 还有建议就是，考虑到月收入还可以，建议开始用信用卡，这样更容易周转，而且工资收入也可以有更长时间的理财。

除此之外，可以具体了解一下当地住房公积金和购房的相关政策，如果个人公积金贷款额度可以达到 70 万，可以两成首付，那么 90 万的房产两成首付只要 18 万，按照目前情况两年内买 90 万的房产也是没有问题的。即使贷款 70 万，按照公积金贷款利率，每个月还款也就是 3000 多元，用自己的公积金就可以偿还了，仍然不会有还贷压力。这个方案由于首付变少，再加上公积金购房一次性提取余额，将剩下更多的资金可用于理财，形成个人资产的一个良性循环。

## 2. 单身妈妈的理财生活

曾经在随手记理财论坛上遇到一个单身妈妈，她看到了我的理财帖子萌发了很强的理财动力。她31岁，在三线城市莆田市当老师工作了6年，单身带着3岁的女儿，父母帮她一起带。

其他的情况大致如下：

月薪：3000元（当老师工资固定没什么增幅，若兼职每月可赚1000—2000元）；

公积金：每月加上单位的有900元，余额6万；

存款：55万，一半放银行定期一年；

每月支出：

房租：200元（住单位房）

伙食：2500元

其他：600元

当地房价9000元一平米，之前一直考虑买个小两房，但房贷压力太大，所以关于房子她说要等以后再成家后考虑。卡上存款有不少，但是不知存款如何理财。

通过她的描述，虽然不知道她为什么单身，但是极有可能是离婚，她的工资不高，才工作6年，所以不可能有55万余额，所以很有可能是离婚后分得的财产。至于她本身家庭的变故并没有代表性，不幸的家庭总有各种各样的不幸，但是我发现她

的思想却很有代表性。我发现她很想买房子，但是又觉得房贷压力大不敢买，所以想着以后再婚的时候考虑，无非就是想着再婚由男方去买房。其实有不少女性都会有这样的思想，明明自己有能力买房，却总想着通过结婚由男方买房。可是为什么不想着夫妻双方都持有房产呢？

对于这个单身妈妈，我给她制定了很不一样的理财策略，跟她本身的想法大相径庭。

首先，我推荐她可以尽快购买一套小两房，理由如下：

1. 手头上的现金太多，有 55 万，基本没有在理财，这些钱定期一年都跑不赢通货膨胀，目前来看你并没有需要随时大额消费的地方，所以转换成固定资产也有利于降低风险。

2. 这笔钱躺在自己的银行账户上有额外的风险，告诫她要再次组成家庭时凡事都要留个心眼，女人难免轻信别人，虽说不一定会遇到坏人，但是她留这么多钱在账户上，一旦后面交往的人找她要很多钱，她是给还是不给？如果是个房子就没有这个烦恼了。

3. 房子一定要在婚前买，婚前买的房产属于个人财产，而且她的情况完全可以自己还贷。她的状况，单身妈妈带个孩子不容易，有时候难免委曲求全，有自己的房子，自己还贷，有利于提高家庭地位。万一后面有什么问题，这个房子仍然是自己的，凡事要做好周全的打算。

如何买房和还贷？

1. 小两房买个 60 平的，总价 54 万，首付 16.2 万，用存款付首付肯定没问题。

2. 公积金有 6 万，这个余额还是挺高的，现在也是没有利用起来，所以完全可以全部公积金贷款，现在贷款利率很低。

3. 按照目前的利率，每个月还贷 1700 元，公积金可以办理按月提取，这样每个月缴存的 900 元可以利用起来，剩下的 800 元就做些兼职，给学生补课就凑够了。刚过 30 岁，而立之年，也有父母给带孩子，应该要想办法提高收入。这样的话她正式的工资并不需要额外用来支付房贷。

4. 房子可以考虑自住，这样单位的房租 200 元可以省下来，也可以考虑继续住单位的房子，把房子租出去，所得也可以用于还房贷或贴补家用。

其次，如何理财和生活？我给她推荐了相对比较保守的理财方案，这也是针对她的情况制定的。

1. 55万中拿出20万，用于支付首付，剩余的可能要支付一些杂费作为预留，也可以作为购买家私用，可以暂时放在余额宝中。

2. 剩下的35万中可能要预留10万元，作为装修费用，如果买的房子本身自带装修，这笔10万元就买银行的理财产品，一般收益是6%左右。

3. 每个月的工资基本上都用于生活了，抗风险能力比较低，所以理财以稳健为主，剩下的25万中，10万存5年定期（我之前一般不建议做定期储蓄，主要是从收益和资金流动性上考虑，但是之所以建议她这样做，是因为她的情况反而流动性低一些有好处）；10万购买银行理财产品，可以买12个月—24个月的，降低流动性；5万购买年化收益为15%的P2P理财，一般是3个月至半年的期，循环买。

4. 公积金余额在贷款办理完后可以办理一次性提取，这6万块，将1万元放入余额宝中作为备用零钱，剩下的5万可以购买短期的P2P理财产品，一个月左右的，10%左右的年化收益，或者放入P2P活期中，6%—7%的年化收益。

5. 平时的生活消费优先走信用卡，目前来看工资基本上覆盖消费，所以每个月用工资偿还信用卡即可。建议做一些兼职，每个月剩余的钱做基金定投，这个是长期持续的理财，可以长达数十年，这个基金定投账户中的钱给自己的小孩，做将来的教育基金都可以。

以上就是整体的建议了，从她的描述来看，除了理财的部分要加强，还有心态。因为她说担心还不了房贷，要以后成立家庭再考虑等等，言下之意是要依靠别人，这是比较典型的逃避心理。作为一个老师，有学识，完全可以是一个经济独立的女性，任何时候都要自强。

## 3. 嫁给老外的独立女性

读者中有一位比我年长几岁的姐姐，姑且称她为安姐吧，她经常会给我的文章留言和打赏，后来慢慢熟悉后发现她居然远在欧洲，而且是个很有故事很励志的女性。

安姐老家在中国内地的一个乡村里，她是家中的老大，还有一个弟弟，一个妹妹。她从小学习成绩就很好，小学的成绩从来都是名列前茅，尤其是数学很优秀。但是她的家境特别贫寒，家里离学校很远，中午自己带米在食堂吃。上初中的时候一个月只有 4 元钱的伙食费，每餐只花两毛钱，就算是这样还经常饿肚子。

后来一直到 16 岁初中毕业就没再上学，为了减轻家里的负担，她选择到亲戚的鞋厂中打工，有了一些积蓄后又自己开了服装店。服装店的收入基本上能满足日常的生活，但是她还要承担弟弟和妹妹上大学的学费。长姐如母，大概说的就是安姐这样的女性吧。

在市区开服装店的时候安姐认识了她现在的外国老公，但是当时他们只是相处了很短暂的时间，后来因为工作的关系就分开了。安姐说虽然当时不在一起，但是他无论到哪里都会每天打电话给她，让安姐感到很温暖。他们就这样一直跨国异地恋。

再后来爆发了非典，安姐关了服装店，回到了乡下老家承包了一个荒芜的农场准备重新创业。据说这个农场所在的村子发生过瘟疫，人都死光了，到处都是坟墓。安姐没有害怕，晚上一人睡在荒野，白天则拿起锄头、菜刀进行开荒，办起了养兔场。

没想到一撑就是三年，但是由于没有养殖方面的经验，加上环境恶劣，这次的创业并没有成功。不过幸运的是一直断断续续有联系的外国老公向她求婚，他们俩终于走到了一起。这次他们没有再分开，老公要去台湾工作也把安姐一起带到了台湾。

因为安姐属于陪同家属所以并不能在台湾工作，但是闲不住的安姐就开始喂养她家附近的流浪狗，并且加入了台湾当地一个流浪动物公益团体，当起了义工。在安姐的努力下很多流浪狗都被好心人领走收养，但是有一条狗由于车祸有残疾，不会自主大小便，没有任何人愿意领养。而那个时候她的老公在台湾的工作也结束准备带安姐一起回欧洲。

在安姐的苦苦请求下，老公终于同意带这只残疾狗离开台湾回国。有趣的是安姐微信头像和我的微信头像一样都是一个狗头，我们都是爱狗之人，安姐对一只残疾狗的爱心真的很让人钦佩。可能越是内心强大的人越是懂得保护弱小吧。

台湾虽然不是家乡，至少没有语言障碍，但是只有初中文化水平的安姐到了欧洲无异于进入了一个完全语言不通的世界。她的老公跟以前一样也是要经常世界各地地跑，所以很多时候只有她和那只残疾狗独自在国外生活，艰难程度可想而知。

老公每个月会给她生活费，安姐似乎也可以过着衣食无忧的生活。但是“不安分”的安姐并没有像很多嫁给了老外的女性一样当起了全职太太，过起了养尊处优的生活。她想的更多的是自己如何经济独立，自己将来如何养老，老公要是有意外、有外遇自己要怎么在这异国他乡活下去。

所以她分析了一下自己的情况，她不是欧盟国成员国家的人，要想有长居的身份就必须要通过语言考试。而且只有自己能说当地语言才能找到工作，才能真正依靠自己的双手在国外生存下去并照顾好自己的狗。

于是，她开始每天到很远的另一个城市上语言课，班上一共不到 20 个人，都是来自世界各地的人，很多人来自的国家她只在新闻里听说过。我们知道欧洲的一些小语种其实比英语还要难的，我很难想象一个初中毕业的中国人，如何在那样一个环境中学成外语。但是安姐做到了，班里只有 4 个人通过了语言考试，她是其中之一。

在通过了语言一关之后，安姐还考取了驾照。欧洲的社会福利很好，安姐通过了语言考试，拿到了长居身份其实就算不工作也能领取到不错的救济金，再加上老公给的生活费，一个女人一条狗怎么样也可以生活得很好。但是要强的安姐并没有打算依靠救济金生活，她希望通过自己的劳动在外国生活下去。

她这次在欧洲的创业方向是开一个中式按摩店，原因是她在学语言的时候认识了一个泰国女人，那个泰国女人就开了一家泰式按摩店。安姐经常去她的店里玩，久而久之也学会了一些按摩技巧，她相信自己可以做得更好更专业，而不是像泰国女人那样过于风尘味。

所以首先就是要租房，但是因为她是外国人，加上语言还没有特别熟练经常会吃闭门羹，几乎都没有看房的机会。找了很久才遇到一个很偏僻的门面，刚好房东也正愁租，就答应租给安姐，但是需要她写一份商业计划书。不得不说，外国人做事就是一板一眼，租房给你房租不就得了，还要写什么商业计划书。

安姐连中文的商业计划书都没写过,更别提写外语版的了。不过一个人只要真心想做一件事，总是会努力去实现的，后来她真的把中式按摩店的商业计划书写了出来。她让她的老公帮她修改语法时，她老公还问是谁帮她写的。于是，她顺利地租下了店铺，开始了自己的又一次创业之路。

开店做生意也要宣传，安姐还自己设计网站，但是技术方面的她不会，她就找当地的留学生帮她制作和上传，真正地把成本压到了最低。

就这样，安姐的按摩店正式开了起来，而且逐渐走上了正轨，后来她还将店铺换到了地段更好的位置，加上她待人真诚、手艺又好，生意蒸蒸日上。如今，她的收入也超过了很多当地人的工资，甚至是很多中国人一年的收入，足够过上不错的生活。

而就在这时，她的老公竟然得了中风，再加上糖尿病经常需要打针，不能再工作，只能提前退休领退休金生活。幸亏安姐有远见，自己靠劳动获得了不错的收入，现在即使老公没有了工作，她也能依靠自己养活一家人。

安姐的故事很励志，我之所以要将这个故事放入我的新书中更是看中了安姐对理财方面的认知。别说初中毕业的她，我遇到过很多大学学历的女性都没有理财的意识。她说她在 37 岁时就已经在考虑养老的事情，她的客人中有个老头手中有 100 套公寓，她就最喜欢跟他学习经验。

现在安姐已经定下了一套公寓，给自己买了两份养老保险，目标是存够 40 万欧元，买了两个理财存款，还有一个定存的储蓄买房计划。她经营按摩店获得的收入除去上面的各项理财投资支出之外，还要负担生活费用。她甚至对客人给的小费也没有随便对待，而是存起来作为回中国的探亲费用。

她的故事和理财思想非常符合我书里提到的观点，首先女人应该经济独立，有自己的收入，并且要趁早理财为自己和家庭的未来做打算。女人并不是男人的附属品，尤其不能觉得自己嫁给了老外就一辈子没有了后顾之忧。就像安姐的老公一样，你不知道他什么时候就突然倒下，或者离你而去。女性本身工作的时间就少，再加上平均寿命更长，将要面对更长的养老时间。

安姐的理财思路也是非常符合女性理财的稳健做法，一部分投资不动产，一部分是养老保险，还有一部分是银行理财。这些理财方式都不是短期投机行为，讲究细水长流，不断积累增值，也特别符合她这种收入不固定的群体。

中国有一些年轻的女性总想着嫁给国外有钱人，无非就是期望别人养着自己，可以不劳而获衣食无忧。但是你是否想过当你青春不再的时候，老外是否还会待你如初呢？所以，还是好好的工作吧，用自己的一技之长来获得收入，并且趁早开始理财为将来做好打算，只有这样才能像安姐一般生活得从容不迫。

## 4. 入不敷出的富家女

我有一位女性读者，是一名典型的富家女，她的理财目标很有意思，叫“不再啃老”。她目前是 26 岁，没有参加过正式的工作，在家人的帮助下开了一个母婴店，也算是在创业。但是创业并不顺利，母婴店一个月要赔 3000 元。她应该算一个个体户，所以既无公积金，也没有保险。

她的家庭条件比较好，住在市区中有房有车，而且没有贷款。房子和车都是结婚前买的，没有办理贷款，直接全款购买，因此花去了家中的大量积蓄。平时的消费习惯也不太好，不用信用卡，直接刷储蓄卡。

她所在的城市是内地一个不算发达的省市，当地人均月收入只有 3500 元，而这位富家女月均消费已经达到 12000 元。再加上开母婴店一个月赔的 3000 元，就她自己一个月就要 15000 元才够用。很显然，她自己也意识到了这样下去不行，不能一直靠父母支援，所以她也想如何转变现状。

她的情况虽然不乐观，但是解决起来也没有很复杂，无非就是开源节流加理财。从开源的角度来看，首先就要仔细分析一下当前正在经营的母婴店。目前是一个月赔 3000 元，究竟是会一直赔下去还是说只是因为刚开张需要一定的养店时间。根据她的描述，我感觉她可能是一个“撒手掌柜”的管理状态，如果是自己经营一个店面，还是要自己多用点心。不仅要关注进货、卖货、记账、员工动态等等，还要开展各种营销活动。

母婴这个行业比较特殊，像我们深圳这边，这些东西基本上都去香港买，不知道她们那边的具体情况。她可能也没有分析过市场、客流量、店铺位置。如果经过分析根本就是一个一直赔本的买卖，还不如尽早关店减少损失。甚至可以考虑重新做一个生意，或者找一份工作来开源。这个问题不解决，就永远无法达成理财目标。

在节流方面肯定也有很多潜力可挖。首先不需要租房，也没有贷款，但是一个月消费都达到 12000 元，可见她在消费上没有很好的控制。估计从小家境优越，花钱大手大脚，家里的衣服和鞋子肯定很多，所以可以先开始断舍离，消费购物前要三问，先从降低每个月的支出开始节流。

鉴于现在处于一个入不敷出的状态，所以可以说没有资金进行投资理财，所以这个解决首要的问题就是解决收入来源的问题，要有正向的现金流，这个必须要通过自己的经营或者找份新工作来达成。即使有了收入，正向的现金流，但是每个月高达 12000 元的消费仍然不一定能负担，所以也必须要同时进行消费的控制。可以先从记账开始，来看看自己每个月的钱究竟花在了什么地方，通过分析来缩减不必要的开支。

当收支达到平衡时再考虑进一步的理财，比如开始从收入中固定拿出一定的比例进行基金定投或是购买 P2P 等理财产品。

并且进一步扩大开源的力度，如想办法增加经营收入或是工资待遇，同时进一步缩减不必要的开支，把更多的资金用于投资理财。只有这样才能脱离一直啃老的现状，慢慢做到经济独立。